新装版

猫にいいもの　わるいもの

臼杵新　監修
ウスキ動物病院院長
造事務所　編著

評価の基準

本書では、原材料や素材、形状などを見て、商品を◎○△×で評価しています。その評価の基準について紹介します。

◎　○に相当し、獣医師から見ても問題がなく、とくにおすすめできる。

○　安全性の疑われる添加物や物質が少ない。
栄養面で、悪影響の可能性が低い。

猫にとって、メリットのほうが多い。

主食でない一般食でも、かなり成分が吟味されている。

△　安全性の疑われる添加物や物質が使われている。
比較的安全ではあるが添加剤が複数入っており、製品設計の段階で配合主原料にもあまり志の高さが感じられない。

主食として与え続けると、栄養が偏る一般食など。

栄養面で、悪影響を及ぼす可能性がある。

猫にとって、メリットより危険性のほうが高い。


×　安全性の疑われる添加物や物質が使われている。

具体的に何が含まれているのかわからない原材料がある。

見るからに安い原料を使っている。

誤食など、猫にとって危険性が高い。

※その商品が総合栄養食か一般食かなどで、評価が多少変わります。主食であり、食べる頻度が高い総合栄養食については、安全性の疑われる添加物について厳しく判定しています。
※缶に入ったウエットフードでも、缶のサイズが大きく食事のなかで占める割合が大きいフードは、それ自体が主食になりうるので、添加物などについて、本来の主食である総合栄養食と同じ判断をしている場合があります。
※中国・韓国製のフードは各メーカーの努力により工場の管理体制などが強化されていますが、消費者目線では日本製と中国・韓国製では明らかに安心度に差があるため、中国・韓国製の商品に関してはマイナス評価とさせていただいています。

※ PART 1と PART 2の評価は、商品に掲載されている原材料表示と栄養表示をもとに、"猫の健康"を基準に監修者と編集部が判定したものです。
※ PART 3、4、5の商品やサービスの評価は、その素材や形状、商品やサービスがうたっている効果やメリットをもとに監修者と編集部が判定したものです。
※本書に掲載されている商品やサービスのデータ（原材料を含む）は、2019年8月現在のものです。現在では、変更されていたり、発売されていなかったりする場合もあります。
※ PART 1の原材料表示の表記は、商品パッケージの記載に基づいています。本文など、それ以外の表記は、本書の基準に基づいています。

はじめに

飼い猫の性質を見て、健康を守ろう

獣医療は大きな進歩を遂げ、細かい診断や高度な治療ができるようになりました。しかしそれは、ペットを飼い主がきちんと管理下に置いていることを前提とした話です。とくに、勝手気ままな性格である猫の場合、どうしても管理や観察、治療が思うように行なえないことが多くあります。けれども、猫を室内で飼育し、最新の医療を施すことで、多くの病気やトラブルから猫を守ることができます。

そして、わがままで、個体によって性格がまったく異なる猫にも、その性質にはある程度の法則性や方向性があります。それに合わせて、本書では猫の健康のために選んでほしいフードやおやつ、グッズなどを厳選し、選ぶポイントについて紹介しています。

ウスキ動物病院院長　臼杵 新

新装版 猫にいいもの わるいもの ── もくじ

PART 4 健康・美容・安全

PART 5 医療・サービス

愛猫生活へのアドバイス

獣医さんに聞いてみよう！

しっかり選ぼう

PART 1 フード

本書で紹介しているキャットフードやグッズを、◎○△×に分けてピックアップ！　気になる商品を見つけたら、該当ページの解説を読んでみましょう。

◎

●ナチュラルバランス
ウルトラプレミアム
リデュースカロリー
フォーミュラ
→27ページ

○

●日本ヒルズ・コルゲート
サイエンス・ダイエット
肥満傾向の成猫用
1～6歳　チキン
→21ページ

●ネスレ
ピュリナ　ワン
1歳まで　子ねこ用
妊娠・授乳期の母猫用　チキン
→111ページ

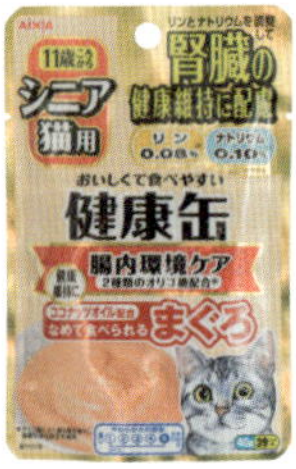

●アイシア
健康缶　パウチ
シニア猫用　腸内環境ケア
→105ページ

△

●ユニ・チャームペット
銀のスプーン
15 歳が近づく頃から　三ツ星グルメ
ジュレ　まぐろ・かつおにささみ添え
→ 107ページ

●日清ペットフード
ｊｐスタイル　和の究み
11 歳から　ケアを始めたい高齢猫用
うまみかつお味
→ 90ページ

●いなばペットフード
CIAO
まぐろ＆とりささみ　チーズ入り
→ 72ページ

×

●マースジャパン
カルカン
毛玉ケア　かつおとチキン味
→ 38ページ

●マースジャパン
シーバデュオ
香りのまぐろ味セレクション
→ 29ページ

しっかり選ぼう

PART 2 おやつ

◎

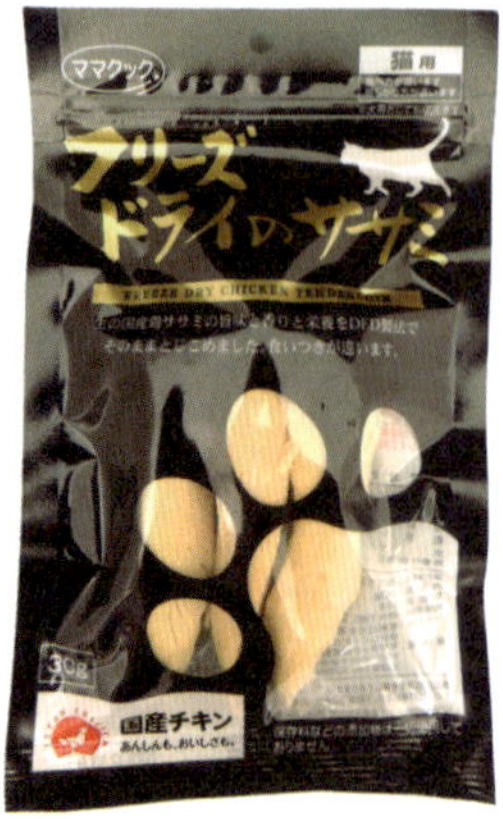

●ママクック
フリーズドライのササミ
猫用→ 137ページ

○

●マースジャパン
猫用グリニーズ
グリルフィッシュ味→ 148ページ

●ニチドウ
グリズリー
サーモンオイル
→ 163ページ

×

●いなばペットフード
CIAO ちゅ~る
まぐろ
→ 142ページ

△

●ライオン
ペットキス
フォア キャット
オーラルケア　ササミジャーキー
→ 146ページ

●フジサワ
カニかま
→ 139ページ

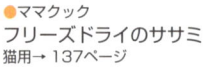

しっかり選ぼう

PART 3 4 あそび・住まい／健康・美容・安全

◎

●シンカ
シリコンブラシ
トレルンダ君
猫　短毛
→213ページ

●猫じゃらし産業
猫じゃらし
→170ページ

○

●現代製薬
スッキリン
→216ページ

●ボンビアルコン
キャットスクラッチ
ハウス
→175ページ

△

●共立製薬
デンタルももちゃん
→223ページ

●ジェックス
ピュアクリスタル
→188ページ

×

●スーパーキャット
ペットラボ
抗菌ダブルクッションブラシ
→214ページ

家庭でできる体のデータの取り方

健康なときの心拍数や体重を知っておくことで、体調変化に気づき、病気の早期発見ができます。簡単なデータの取り方を知っておきましょう。

◉呼吸数・心拍数

猫が落ち着いているとき、胸かおなかに手を当て、上下する回数を数えます。15秒数えて、回数を4倍にしてもだいじょうぶです。

心拍数も呼吸数と同様で、胸の下に手を置き、鼓動を数えます。こちらも15秒数えて、回数を4倍にするといいでしょう。1000円程度で買える聴診器を使う方法もあります。

成猫の平均的な数値

呼吸数	24～42回／分
心拍数	80～120回／分
体重	3～5kg
体温	37.5～38.9℃

◉体重

船型になった人間の新生児用の体重計で量りましょう。子猫なら、キッチンスケールも使えます。体重計におとなしく乗ってくれないときは、キャリーケースごと量ってください。人間用の体重計は、数値の刻みが粗すぎるのでダメです。

◉体温

体調が悪そうなとき以外は、検温する必要はありません。人間の体温計を肛門に入れて測ります。入れやすいように体温計の先にオイルを塗って、声をかけながら入れましょう。

嫌がられる場合は、耳に入れる体温計を試してみるといいでしょう。

ただ、耳が寝ている猫だと、正確に測れない場合も。その場合は肛門で測ります。

災害のために備えておくもの

非常事態が起こったとき、ペットを守れるかどうかは飼い主の意識次第です。猫の負担が少しでもやわらぐよう、日頃から備えておきましょう。

◉フードと水を準備する

ストックは1～2週間分は必要。賞味期限を確認して、食べ慣れたフードを小分けにします。水はミネラル分の多い硬水ではなく軟水にします。

普段飲んでいる薬も余裕をもって購入しておいてください。

災害時には動物病院の物資搬入も止まります。

◉ワクチン接種をしておく

避難所生活ではほかの動物、人との接触が多くなるので、未接種だと感染症のリスクが高まります。

◉名前を呼んだら反応するようしつける

飼い猫を探す場合に備えて、名前を呼んだら返事をしたり近寄ってきたりするようにしつけましょう。

名前を呼んだときに猫がちゃんと反応したら、おやつをあげてください。これで猫は学習してくれます。

◉安全な室内作りをする

地震が来たときに備えて、家具の転倒防止金具を取りつける、食器が落ちないよう扉をロックする、ガラスが飛び散らないようにシートを貼る、キャットタワーを固定する、などの安全対策が必要です。

ほかにも、日頃から室内を片づけておきましょう。

災害のためのチェックリスト

災害が起こったときは、人間の安全が優先されます。
ペットは後回しになりがちなので、
飼い主が責任をもって備えておきましょう。

- □ フードと水を準備する
- □ ワクチン接種をしておく
- □ 名前を呼んだら反応するように練習しておく
- □ マイクロチップの挿入（→ 185 ページ）
- □ 安全な室内作りをする
- □ キャリーケースや他人、動物に慣れさせておく
- □ 地域の避難所を確認し、避難訓練をする
- □ 猫の預け先を考えておく
- □ 近所の人たちと交流をはかる
- □ 複数の動物病院の連絡先を控える
- □ 飼い猫の情報（飼い主の連絡先やワクチン接種歴など）をまとめておく
- □ 必要に応じて常備薬や療法食を準備する
- □ 猫用持ち出しグッズを準備しておく

ペットシーツ／常備薬／飼い主といっしょのペットの写真／リードやハーネス、首輪／タオルや毛布／ウエットティッシュ／糞尿処理用の新聞紙、ビニール袋など

猫の種類によって注意する病気

猫の種類によって性質や体質は異なります。特定の病気にかかりやすい遺伝子をもっている場合があるので、どんな傾向があるのか知っておきましょう。

©Hiroaki Kikuchi 2014

スコティッシュホールド

垂れ耳の原因は、軟骨形成異常を示す遺伝子をもっているためです。成長過程での骨の変形が起こりやすく、関節も弱い傾向にあります。骨軟骨異形成症などにかかりやすいです。耳の通気が悪いので、外耳炎などにも注意。

©odin_aka_zero-one 2011

アメリカンショートヘア

筋肉質で運動量の多い猫で、運動量が少ないとストレスをためます。そして、太りやすい体質なので肥満に要注意です。肥大性心筋症は遺伝の可能性が指摘されています。毛が密集しているので、熱中症にも気をつけましょう。

©Tkeiger 2008

ロシアンブルー

神経質でストレスをためやすい猫です。腎臓や膀胱《ぼうこう》、尿管などに石ができる尿石症にかかりやすいといわれます。新鮮な水を与え、トイレを清潔に保つよう心がけましょう。スリムな猫だけに、肥満にも注意が必要です。

©Barry Wom 2010

メインクーン

毛がフサフサとした大型の猫で、体重が10kgを超えることもあります。遺伝性の病気として、脊髄《せきずい》の神経が消失する脊椎《せきつい》性筋萎縮症や腎臓の病気である多発性嚢胞腎《のうほうじん》、肥大性心筋症などが挙げられます。

PART 1

フード

キャットフードには、ドライやウエット、パウチの種類があります。原材料のどこに注目して選べばいいか把握しましょう。

ネスレ

ピュリナ ワン
1歳以上　室内飼い猫用　インドアキャット
ターキー&チキン

総合栄養食

着色料無添加で、原料も標準的

運動量が少ない猫の肥満対策にうれしい低カロリー設計。天然の食物繊維を多く配合することで、猫のおなかにたまった毛玉をからめとって排泄《はいせつ》する効果が高いフードです。ターキーが主原料で、着色料と香料は無添加。

酸化防止剤として使われているビタミンEは、害になりません。できたての風味が長時間保たれる、分包タイプです。

原材料

ターキー、米、コーングルテンミール、チキンミール、卵、油脂類（牛脂、大豆油）、大豆たんぱく、フィッシュミール、小麦粉、セルロース、大豆外皮、酵母、イヌリン、ポークゼラチン、たんぱく加水分解物、ミネラル類（リン、カリウム、ナトリウム、クロライド、鉄、銅、マンガン、亜鉛、ヨウ素、セレン）、アミノ酸類（リジン、タウリン）、ピロリン酸ナトリウム、ビタミン類（A、D、E、K、B_1、B_2、パントテン酸、ナイアシン、B_6、葉酸、ビオチン、B_{12}、コリン、C）、酸化防止剤（ミックストコフェロール）

※合成着色料・香料は添加していません。

原産国／アメリカ

日本ヒルズ・コルゲート

サイエンス・ダイエット

肥満傾向の成猫用　1歳～6歳　チキン

つねに進化している古参フード

総合栄養食

定番のプレミアムフード。発売以後も改良がくり返され、進化しています。

自社で開発した「極上うま味成分配合レシピ」を採用し、猫の食いつきをよくする工夫もしています。

一般市販品の結石対策の効果は、病院処方食には劣ります。これで管理可能かどうか、尿検査をしながら、担当獣医師のアドバイスもふまえて選んでください。

原材料

トリ肉（チキン、ターキー）、トウモロコシ、米、コーングルテン、動物性油脂、セルロース、ビートパルプ、エンドウマメ、チキンエキス、小麦、ミネラル類（カルシウム、ナトリウム、カリウム、クロライド、銅、鉄、マンガン、セレン、亜鉛、イオウ、ヨウ素）、乳酸、ビタミン類（A、B_1、B_2、B_6、B_{12}、C、D_3、E、ベータカロテン、ナイアシン、パントテン酸、葉酸、ビオチン、コリン）、アミノ酸類（タウリン、メチオニン）、カルニチン、酸化防止剤（ミックストコフェロール、ローズマリー抽出物、緑茶抽出物）

原産国／チェコ

ロイヤルカナン

FHN インドア

韓国製に切り替わった場合は要注意

総合栄養食

△

原料1位に鶏・七面鳥があります。処方食も作る大手メーカーなので、配合バランスは信頼できますが、合成酸化防止剤BHA・没食子酸プロピルが使用されており安全とは言い難いです。

この会社の製品は順次、韓国産に切り替わっています。今あるフランス産の製品も韓国産になる可能性が高いです。パッケージをよく確認しましょう。

原材料

肉類（鶏、七面鳥）、米、小麦、とうもろこし、植物性分離タンパク*、動物性脂肪、加水分解タンパク（鶏、七面鳥）、小麦粉、植物性繊維、ビートパルプ、酵母および酵母エキス、大豆油、フラクトオリゴ糖、魚油（EPA/DHA源）、サイリウム、アミノ酸類（DL-メチオニン、タウリン、L-カルチニン）、ゼオライト、ミネラル類（Ca、Cl、Na、K、Zn、Mn、Fe、Cu、I、Se）、ビタミン類（A、コリン、D_3、E、C、ナイアシン、B_2、パントテン酸カルシウム、B_1、B_6、葉酸、ビオチン、B_{12}）、酸化防止剤（BHA、没食子酸プロピル）

*超高消化性タンパク（消化率90%以上）

原産国／フランス

日清ペットフード

懐石4dish

美味しい体重ケア　瀬戸内のしらすバラエティ

総合栄養食

△

合成着色料と合成保存料を不使用

プレミアム感があるパッケージで、飼い主の目を楽しませる典型的な製品。この手のフードは、原材料が廉価なものばかりです。ただし、このタイプにしては珍しく、合成着色料、合成保存料が入っていません。この点は評価できるでしょう。

しかし、それ以外には特筆するようなメリットはありません。他の候補とよく比較して判断しましょう。

原材料

穀類（とうもろこし、コーングルテンミール、小麦粉、ホミニーフィード、中白糠）、肉類（ミートミール、チキンミール）、魚介類（フィッシュミール、フィッシュパウダー、まぐろ節、しらす、さば節削り、えび）、動物性油脂、大豆ミール、ビートパルプ、粉末セルロース、のり、オリゴ糖、野菜類（キャベツパウダー、にんじんパウダー、ほうれん草パウダー、かぼちゃパウダー）、グルコサミン、ミネラル類（カルシウム、リン、カリウム、ナトリウム、塩素、鉄、銅、マンガン、亜鉛、ヨウ素）、ビタミン類（A、D、E、K、B_1、B_2、B_6、パントテン酸、ナイアシン、葉酸、コリン）、アミノ酸類（メチオニン、タウリン）、酸化防止剤（ローズマリー抽出物）

原産国／日本

マースジャパン

ニュートロ ナチュラルチョイス

食にこだわる猫用　アダルト　チキン

気になる添加物は入っていない

リニューアルでチキン生肉表示がチキン＋チキンミールになり、原料が廉価なものになった可能性がありますが、全体としては高品質な素材で作られています。この製品はグレインフリーですが、使う必要があるのは穀類アレルギーの猫だけ。通常は肉メイン＋少量の穀類のキャットフードを選びましょう。

総合栄養食

原材料

チキン（肉）、チキンミール、エンドウタンパク、エンドウマメ、鶏脂＊、タピオカ、ポテトタンパク、ビートパルプ、フィッシュミール、サーモンミール、アルファルファミール、タンパク加水分解物、亜麻仁、ユッカ抽出物、ビタミン類（A、B_1、B_2、B_6、B_{12}、C、D_3、E、コリン、ナイアシン、パントテン酸、ビオチン、葉酸）、ミネラル類（カリウム、クロライド、セレン、ナトリウム、マンガン、ヨウ素、亜鉛、鉄、銅）、アミノ酸類（タウリン、メチオニン）、酸化防止剤（ミックストコフェロール、ローズマリー抽出物、クエン酸）

＊ミックストコフェロールで保存

原産国／アメリカ

愛猫生活へのアドバイス

表示を見てフードの目的を確認しよう！

キャットフードは、公正競争規約に基づいて「総合栄養食」「一般食」「栄養補完食」「副食」などの表記で、目的をパッケージに示しています。

総合栄養食は、フードと水だけで必要な栄養をバランスよく摂取できます。一般食は必要な栄養をある程度は満たしているもののそれだけでは完璧でない、いわゆる〝おかず〟。栄養補完食は、不足した栄養を補うサプリメント的なもので、副食は〝おやつ〟です。

食事は総合栄養食を基準にして、必要であれば一般食を組み合わせるようにしましょう。

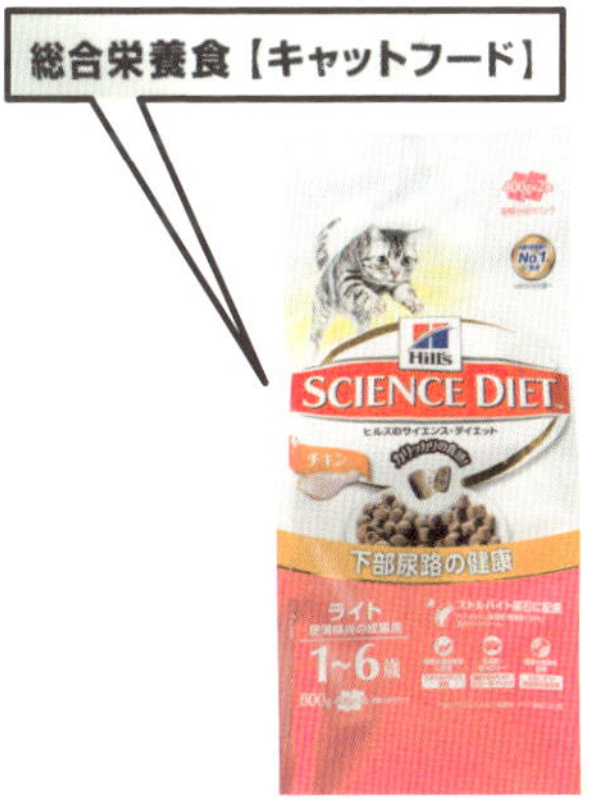

アズミラ

クラシックキャットフォーミュラ

◎

高品質で嗜好性も高い総合栄養食

総合栄養食

副産物、増量剤、人工着色料・香料・保存料を使用していないていない高品質フード。アメリカ産の人用高品質素材で作られていて、オールナチュラルが特徴です。

小麦グルテン、濃縮米蛋白を含まないと書かれていますが、原料には米と小麦が含まれています。グレインフリーが必要な猫用ではありません。

原材料

チキンミール、全粒ひきわり玄米、全粒ひきわり大豆、全粒ひきわり小麦、全粒ひきわりコーン、鶏脂肪（ミックストコフェロールにて保存）、脱果汁トマト（リコピンの供給源）、ひきわりフラックスシード、ナチュラルフレーバー（チキン由来）、メンハーデンフィッシュミール、塩化コリン、塩、乾燥乳タンパク質、乾燥チコリー（根）、ミネラル（炭酸カルシウム、酸化亜鉛、タンパク質化合亜鉛、硫酸鉄、酸化マンガン、硫酸銅、タンパク質化合マンガン、ヨウ素酸カルシウム、タンパク質化合銅、亜セレン酸ナトリウム、炭酸コバルト）、DL-メチオニン、ビタミン（ビタミンE、ナイアシン（ビタミンB_3）、L アスコルビン-2-ポリリン酸塩（ビタミンC）、ビタミンA、D-パントテン酸カルシウム、硝酸チアミン（ビタミンB_1）、リボフラビン、塩酸ピリドキシン（ビタミンB_6）、ビタミンD_3、葉酸、イノシトール、ビオチン、メナジオン重亜硫酸ナトリウム複合体（ビタミンK活性源）、ビタミンB_{12}）、タウリン、塩化カリウム、パセリフレーク、乾燥ケルプ、ユッカシディゲラ抽出物、ミックストコフェロール（保存料）、ベジタブルオイル、クエン酸、レシチン、ローズマリー抽出物

原産国／アメリカ

ナチュラルバランス

ウルトラプレミアム リデュースカロリーフォーミュラ ◎

高価格なのは良質素材で作られている証拠

総合栄養食

原材料のクオリティにこだわり、減量を目的とした〝ハイプレミアム〟なフード。そのため、価格が高めです。化学調味料や着色料、そのほか化学薬品は一切使用していません。ほかのプレミアムフードとの相性が悪いときに、試してほしいフードです。

輸入品なので、購入は大型ペットショップやネット通販などで。

原材料

チキンミール（乾燥肉）、玄米、新鮮な鶏肉、新鮮なダック肉、ポテト、ニンジン、サーモンミール、ラムミール（乾燥肉）、オートミール、鶏脂肪（天然混合トコフェロールで酸化防止）、自然風味、ドライエッグ、ビールイースト、塩化カリウム、亜麻仁、塩化コリン、タウリン、天然混合トコフェロール、ほうれん草、パセリフレーク、クランベリー、リジン、L-カルニチン、ユッカ、ケルプ、亜鉛蛋白、ビタミンE、ナイアシン、マンガン蛋白、銅蛋白、硫酸亜鉛、硫酸マンガン、硫酸銅、一硝酸チアミン（ビタミンB1）、ビタミンA、ビオチン、ヨウ化カリウム、パントテン酸カルシウム、リボフラビン（ビタミンB_2）、ピリドキシン塩酸塩（ビタミンB_6）、ビタミンB_{12}、酸化マンガン、ビタミンD_3、葉酸（ビタミンB）

原産国／アメリカ

日清ペットフード

懐石zeppin

薫り高い本枯れ節添え

鰹節が微量で穀類主体のフード

22gの小分け袋になっています。見た目のプレミアム感で購買意欲をあおりますが、廉価原料で成分は穀類主体、人工着色料も使用されています。

本枯れ節添えと書いてありますが、小袋の中に初めから混ぜてあります。ただ、かなり小さな少量の破片です。鰹節が好きな猫なら、人間のものを少しだけフードに振りかけてあげたほうがいいでしょう。

総合栄養食

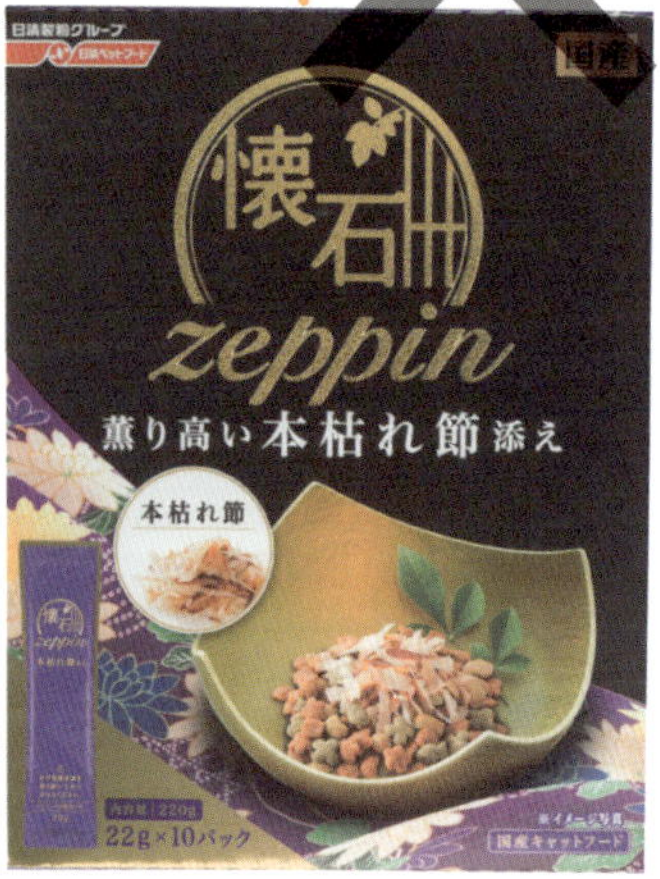

原材料

穀類（とうもろこし、中白糠、コーングルテンミール、小麦粉、ホミニーフィード）、魚介類（フィッシュミール、かつお枯れ節削り、フィッシュパウダー、まぐろ節）、肉類（ミートミール、チキンミール）、動物性油脂、大豆ミール、オリゴ糖、野菜類（キャベツパウダー、にんじんパウダー、ほうれん草パウダー、かぼちゃパウダー）、ミネラル類（カルシウム、リン、カリウム、ナトリウム、塩素、鉄、銅、マンガン、亜鉛、ヨウ素）、ビタミン類（A、D、E、K、B_1、B_2、B_6、パントテン酸、ナイアシン、葉酸、コリン）、アミノ酸類（メチオニン、タウリン）、食用黄色５号、食用赤色３号、食用黄色４号、食用青色１号、食用赤色102号、酸化防止剤（ローズマリー抽出物）

原産国／日本

マースジャパン

シーバ デュオ
香りのまぐろ味セレクション

おいしさ最優先タイプの古株フード

カリカリ層ととろりとしたクリーム層の異なる食感が特徴。使い切りサイズの分包で、1箱で4種類の味を楽しめるので、飽きっぽい猫にはうれしいところ。ただ、この製品は以前のものと比較すると、赤色40号とカラメル色素が増えています。

商品名は「まぐろ味」ですが、主原料は肉類で、ミールや副産物、エキスばかりを配合しています。

総合栄養食

原材料

肉類（チキンミール、豚副産物、チキンエキス、ささみエキス等）、穀類（とうもろこし、米、小麦等）、油脂類、酵母、魚介類（まぐろエキス、ずわいがにエキス、たいエキス、ほたてエキス等）、チーズパウダー、ビタミン類（A、B_1、B_2、B_6、B_{12}、C、D、E、コリン、ナイアシン、パントテン酸、ビオチン、葉酸）、ミネラル類（Ca、Cl、Cu、I、K、Mn、Na、Zn）、アミノ酸類（タウリン、メチオニン）、着色料（赤40、カラメル色素、酸化鉄）、酸化防止剤（ミックストコフェロール、ローズマリー抽出物、クエン酸）

原産国／カナダ

マースジャパン

シーバ デュオプラス オーラルケア

総合栄養食

おいしさのみを重視したフード

緑茶成分で口内のにおいをよくするようですが、ほかの緑茶成分入り製品との違いがわかりにくいのが残念です。「カルシウムが歯の健康をサポート」ともありますが、総合栄養食を食べていれば、成猫でカルシウムが不足することはありません。

主成分はミールと肉副産物で上等とは言えず、メーカーの商品公式サイトに成分表示がないのが、大いに気になります。

原材料

肉類（チキンミール、豚副産物、チキンエキス、ささみエキス等）、穀類（とうもろこし、米、小麦）、油脂類、植物性タンパク、酵母、セルロース、緑茶抽出物、魚介類（かつおエキス等）、チーズパウダー、トリポリリン酸ナトリウム、ビタミン類（A、B_1、B_2、B_6、B_{12}、C、D、E、コリン、ナイアシン、パントテン酸、ビオチン、葉酸）、ミネラル類（Ca、Cl、Cu、I、K、Mn、Na、Zn）、アミノ酸類（タウリン、メチオニン）、着色料（カラメル色素、酸化鉄）、カルボキシメチルセルロースナトリウム、酸化防止剤（ミックストコフェロール、ローズマリー抽出物、クエン酸）、香料

原産国／カナダ

ユニ・チャームペット

銀のスプーン 贅沢うまみ仕立て まぐろ・かつお・煮干し・白身魚・しらす入り

総合栄養食

合成着色料を多数使用

多数の魚介類が含まれていることを売りにしていますが、第一原料はトウモロコシ、グルテンミールなどの穀類となっています。そして、肉材料については、魚よりも陸上動物のほうが多くなっています。

また、肉類はミール系が使われ、かつ赤色102号をはじめとした合成着色料が添加されているという、典型的な廉価フードです。

原材料

穀類（トウモロコシ、コーングルテンミール、小麦粉、パン粉）、肉類（チキンミール、ポークミール、ビーフミール、チキンエキス）、油脂類、魚介類（フィッシュミール、フィッシュエキス、煮干パウダー、鰹節、マグロミール、カツオミール、白身魚ミール、乾燥シラス）、ビール酵母、酵母エキス、ミネラル類（カルシウム、塩素、コバルト、銅、鉄、ヨウ素、カリウム、マンガン、リン、亜鉛）、アミノ酸類（タウリン、メチオニン）、ビタミン類（A、B_1、B_2、B_6、B_{12}、C、D、E、K、コリン、ナイアシン、パントテン酸、ビオチン、葉酸）、着色料（二酸化チタン、赤色102号、赤色106号、黄色4号、黄色5号）、調味料、酸化防止剤（ミックストコフェロール、ハーブエキス）

原産国／日本

ブルーバッファロー

ライフプロテクション・フォーミュラ

毛玉ケア　チキン＆玄米レシピ

総合栄養食

トレンドを抑えた隙のない作り

高品質な原料のみで作られたハイプレミアムフードです。ビタミンミネラルが添加された「ライフソースビッツ」を使用。チャックがないので工夫して密封しましょう。

ただ、2019年10月で日本法人が撤退するため、今後安定供給されるかは不明です。

原材料

骨抜き鶏肉、乾燥チキン、玄米、大麦、エンドウタンパク、鶏脂（混合トコフェロールにて酸化防止）、乾燥ニシン（オメガ-3脂肪酸源）、セルロースパウダー、エンドウマメ、亜麻仁（オメガ-6脂肪酸源）、オートミール、タンパク加水分解物、オオバコ種皮、馬鈴薯、乾燥チコリ根、エンドウ繊維、アルファルファ抽出物、クランベリー、サツマイモ、人参、ブルーベリー、大麦若葉、パセリ、ターメリック、乾燥ケルプ、ユッカ抽出物、乾燥酵母、乾燥エンテロコッカス・フェシウム発酵産物、乾燥ラクトバチルス・アシドフィルス発酵産物、乾燥黒麹菌発酵産物、乾燥トリコデルマ・ロンギブラキアタム発酵産物、乾燥バチルス・サブチルス発酵産物、ローズマリーオイル、アミノ酸類（DL-メチオニン、タウリン、L-リジン、L-カルニチン）、ミネラル類（硫酸カルシウム、塩化カリウム、塩化カルシウム、炭酸カルシウム、食塩、硫酸第一鉄、鉄アミノ酸キレート、亜鉛アミノ酸キレート、硫酸亜鉛、硫酸銅、銅アミノ酸キレート、硫酸マンガン、マンガンアミノ酸キレート、ヨウ素酸カルシウム、亜セレン酸ナトリウム）、ビタミン類（塩化コリン、ナイアシン、E、B_1、L-アスコルビン酸-2-ポリリン酸、ビオチン、A、B_6、パントテン酸カルシウム、B_2、D_3、B_{12}、葉酸）、着色料（野菜ジュース）、酸化防止剤（混合トコフェロール）

原産国／アメリカ

ペットライン

メディファス 1歳から フィッシュ味

下部尿路の健康維持のためのフード

総合栄養食

とくに気になる成分や添加物は使用していません。下部尿路の健康維持を目的としたフードで、ドライフードのほかに、ウェット、スープパウチが商品展開されています。

コストを抑えるために原材料は穀類主体、肉はミール系です。それ以外の部分は、品質の向上に努めている点は評価できます。予算の都合で高級品が買えないときには、おすすめです。

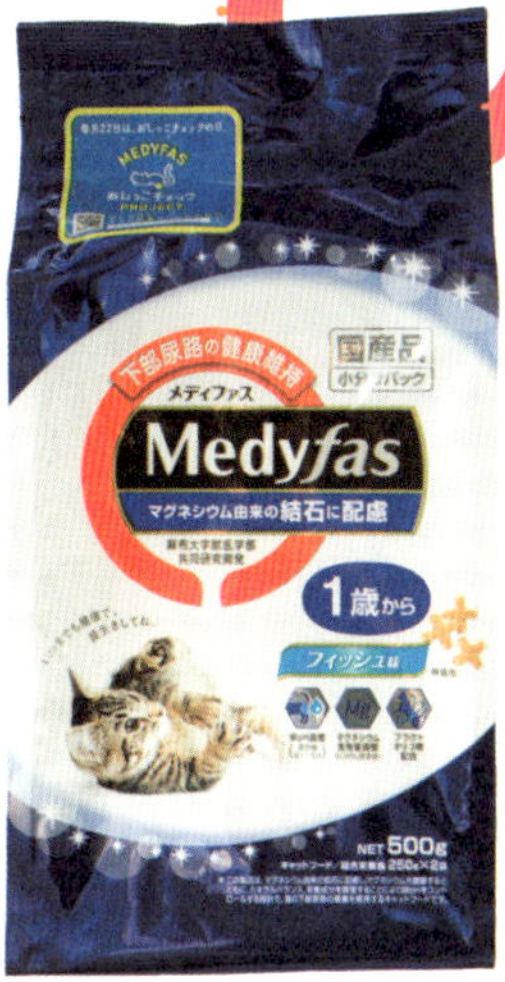

原材料

穀類（とうもろこし、コーングルテンミール）、肉類（ミートミール、チキンミール、チキンレバーパウダー）、豆類（おから）、油脂類（動物性油脂、ガンマ - リノレン酸）、魚介類（フィッシュミール：DHA・EPA 源、フィッシュエキス）、糖類（フラクトオリゴ糖）、卵類（ヨード卵粉末）、シャンピニオンエキス、ビール酵母、ビタミン類（A、D_3、E、K_3、B_1、B_2、パントテン酸、ナイアシン、B_6、葉酸、ビオチン、B_{12}、コリン、イノシトール）、ミネラル類（カルシウム、リン、ナトリウム、カリウム、塩素、鉄、コバルト、銅、マンガン、亜鉛、ヨウ素、）、アミノ酸類（メチオニン、タウリン、トリプトファン）、酸化防止剤（ローズマリー抽出物、ミックストコフェロール）

原産国／日本

ネスレ

ピュリナ　モンプチ
5種のシーフードブレンド かに・えび・鯛・かつお・まぐろ味

総合栄養食

おいしさ優先の廉価フード

原材料1位が穀類、肉類はミール系、合成着色料使用の、典型的な廉価フードです。味が非常に多く、猫の食欲が落ちているとき、食べられるものを探すためにに試すこともあります。

成分表が公式サイトに掲載されておらず、成分を気にする飼い主はターゲットにしていないことがうかがえます。

原材料

穀類（小麦、コーングルテン、米等）、肉類（家禽ミール等）、動物性油脂、たんぱく加水分解物、豆類（大豆ミール）、魚介類（フィッシュパウダー（かに、えび、鯛、かつお、まぐろ））、ミネラル類（カルシウム、リン、カリウム、ナトリウム、クロライド、鉄、銅、マンガン、亜鉛、ヨウ素、セレン）、ビタミン類（A、D、E、K、B1、B2、パントテン酸、ナイアシン、B6、葉酸、ビオチン、B12、コリン、C）、着色料（食用赤色２号、食用赤色102号、食用青色１号、食用黄色４号、食用黄色５号）、アミノ酸類（タウリン）

原産国／オーストラリア

ペッツ・チョイス・ジャパン

セレクトバランス

アダルト　1才以上の成猫用　チキン

アレルゲン回避に適した標準フード

バリエーションはチキンのみ。上位を乾燥チキンが占めるものの、続く材料が人間用の副生産物が多く、ハイプレミアムフードにおよびません。

合成保存料と着色料、香料は使用されていないので、今どきの標準的なプレミアムフードとしての水準は満たしています。使用されている原料が比較的限定されているため、アレルゲン回避のために選んでもいいでしょう。

総合栄養食

原材料

乾燥チキン、米、とうもろこし、鶏脂（オメガ6脂肪酸・オメガ3脂肪酸源）、コーングルテンミール、ビートパルプ、セルロース、チキンエキス、サーモンオイル（オメガ3脂肪酸源）、ビール酵母、メチオニン、タウリン、クランベリー、フラクトオリゴ糖、L-リジン、コエンザイムQ10、ビタミン類（A、D、E、K、B_1、B_2、B_6、B_{12}、C、ナイアシン、パントテン酸、葉酸、ビオチン、イノシトール、コリン）、ミネラル類（カルシウム、リン、カリウム、ナトリウム、クロライド、硫酸亜鉛、鉄、銅、マンガン、セレン、ヨウ素）、酸化防止剤（ミックストコフェロール、クエン酸、ローズマリー抽出物）

原産国／アメリカ

日清ペットフード

キャラットミックスネオ

かつお仕立ての味わいブレンド

×

見た目に力を入れるフードは不安大

総合栄養食

胃腸への負担が軽く、サクッとした食感も楽しめる、オリジナルの微粉砕原料を採用。アルミ装着フイルムの個別包装による、おいしさを逃がさないための工夫もされています。

ただ、主原料が穀物で、肉類、魚介類はミールやパウダーを使用。合成着色料で色づけしています。

原材料

穀類（とうもろこし、小麦粉、コーングルテンミール、ホミニーフィード、中白糠）、肉類（ミートミール、チキンミール、ささみパウダー）、魚介類（フィッシュミール、フィッシュパウダー、かつおパウダー、等）、油脂類（動物性油脂、月見草オイル）、大豆ミール、オリゴ糖、野菜類（キャベツパウダー、にんじんパウダー、ほうれん草パウダー、かぼちゃパウダー）、ビール酵母、ビートパルプ、β-グルカン、でんぷん、馬鈴薯たんぱく、セルロース粉末、ミルクカルシウム、グルコサミン、ローズマリー、バジル、ミネラル類（カルシウム、リン、カリウム、ナトリウム、塩素、鉄、銅、マンガン、亜鉛、ヨウ素）、アミノ酸類（メチオニン、タウリン）、ビタミン類（A、D、E、K、B_1、B_2、B_6、パントテン酸、ナイアシン、葉酸、コリン）、食用赤色３号、食用黄色５号、食用青色１号、食用黄色４号、食用赤色 102 号、酸化防止剤（ローズマリー抽出物）

原産国／日本

ペットライン

キャネットチップ お肉とお魚ミックス

着色料使用は志の低さの表われ

キャットフードの国産第一号であるキャネットチップシリーズの通常版です。味付けに凝っていない、ごく普通の廉価フードと言えます。

その後さまざまなフードが発売されるなか、本製品は廉価フードの元祖としての路線を維持しています。

着色料に不安のある赤色102号が使用されています。

×

総合栄養食

原材料

穀類（とうもろこし、麦子粉、コーングルテンミール、等）、肉類（ミートミール、チキンミール、チキンレバーパウダー、ビーフパウダー、等）、豆類（おから、脱脂大豆、等）、魚介類（フィッシュミール：DHA・EPA源、フィッシュエキス、白身魚エキス、等）、油脂類（動物性油脂、ガンマ-リノレン酸、等）、ビール酵母、卵類（ヨード卵粉末）、ビタミン類（A、D_3、E、K_3、B_1、B_2、パントテン酸、ナイアシン、B_6、葉酸、ビオチン、B_{12}、コリン、イノシトール）、ミネラル類（カルシウム、リン、ナトリウム、カリウム、塩素、鉄、コバルト、銅、マンガン、亜鉛、ヨウ素）、アミノ酸類（メチオニン、タウリン）、着色料（赤102）、酸化防止剤（ローズマリー抽出物、ミックストコフェロール）

原産国／日本

マースジャパン

カルカン
毛玉ケア　かつおとチキン味

不安な添加物が多くさらにダウングレード

総合栄養食

同シリーズには、下部尿路ケア、腎臓ケア、ライトタイプなどがあります。毛玉対策で食物繊維を配合、マグネシウムを制限するなど、機能性を持たせる工夫はあります。

しかし、穀類が主原料であり、合成着色料、合成保存料も添加されている、典型的廉価フードです。さらに、以前のものと比べると、原料のチキンがチキンミールにダウングレードされているのが残念です。

原材料

穀類（とうもろこし、小麦等）、肉類（チキンミール、チキンエキス等）、大豆、家禽類、ビートパルプ、植物性タンパク、油脂類（パーム油、大豆油等）、魚介類（かつおエキス、フィッシュエキス等）、野菜類（ほうれん草、にんじん等）、ビタミン類（A、B_1、B_2、B_6、B_{12}、E、コリン、ナイアシン、パントテン酸、葉酸）、ミネラル類（亜鉛、カリウム、カルシウム、クロライド、セレン、鉄、銅、ナトリウム、マンガン、ヨウ素、リン）、アミノ酸類（タウリン、メチオニン）、酸化防止剤（クエン酸、BHA、BHT）、着色料（赤102、青2、黄4、黄5）

原産国／タイ

日本ペットフード

コンボ キャット ドライ 毛玉対応

まぐろ味・ささみチップ・かつお節添え

不安素材と添加物入りの廉価フード

総合栄養食

腸を整え、善玉菌を増やすオリゴ糖を配合。ただ、具体的な表記のない調味料や着色料、pH調整剤などの添加物が配合されています。

主原料は穀類。野菜類は素材そのものを使用していますが、肉類と魚介類はミール、パウダー、エキスをおもに使用しており、それも減点の要因です。

原材料

穀類（トウモロコシ、コーングルテンミール、小麦粉、パン粉）、肉類（チキンミール、牛肉粉、豚肉粉）、魚介類（フィッシュミール、カツオブシ、フィッシュパウダー、マグロ節粉、マグロエキス、小魚粉末、カツオエキス、シラスパウダー）、油脂類（動物性油脂、植物性油脂、γ-リノレン酸）、ささみチップ、脱脂大豆、オリゴ糖、ハーブ（タイム、ディル、フェンネル）、野菜類（トマト、ニンジン、ホウレンソウ）、クランベリーパウダー、ミネラル類（カルシウム、リン、カリウム、ナトリウム、クロライド、銅、亜鉛、ヨウ素）、pH調整剤、酵母細胞壁（食物繊維源）、アミノ酸類（タウリン、トリプトファン、メチオニン）、ビタミン類（A、B_1、B_2、B_6、B_{12}、D、E、K、ニコチン酸、パントテン酸、葉酸、コリン）、調味料、着色料（アナトー色素、二酸化チタン、食用赤色102号、食用赤色106号、食用黄色5号、食用青色1号）、酸化防止剤（ミックストコフェロール、ローズマリー抽出物）、グルコサミン、コンドロイチン

原産国／日本

ペットライン

メディファス

室内猫　毛玉ケアプラス
1歳から　チキン&フィッシュ味

室内飼育に配慮した無着色のフード

総合栄養食

33ページと同シリーズの製品で、カロリーを5%カットして、毛玉排出成分を加えたもの。さらに、便のにおい、カロリーにも配慮した室内飼育向けの成分設計になっています。

下部尿路の健康維持を目的としており、ウェットフードも展開。コストを抑えるため穀類が主成分なのは気になりますが、予算の都合で高級品が買えないときにおすすめです。

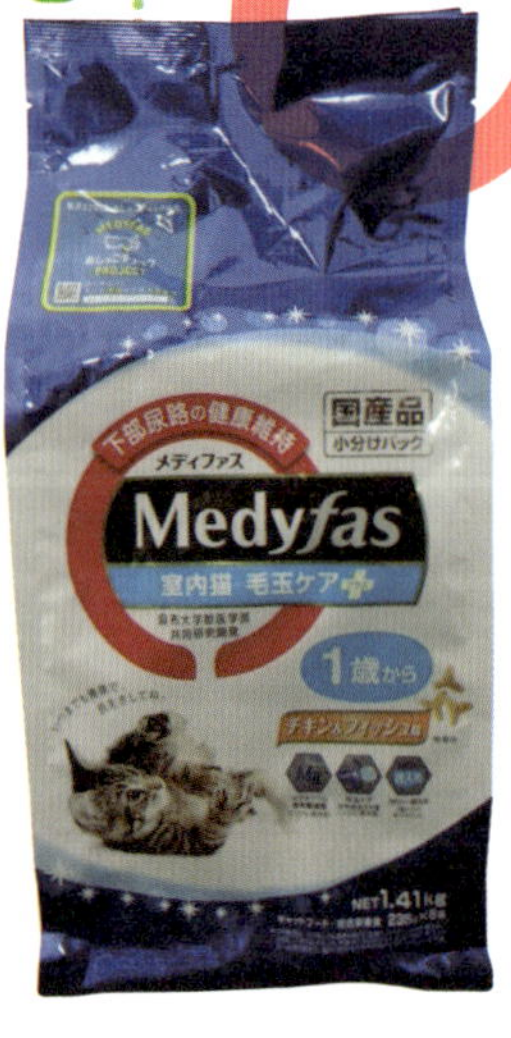

原材料

穀類（とうもろこし、コーングルテンミール）、肉類（ミートミール、チキンミール、チキンレバーパウダー）、豆類（おから）、油脂類（動物性油脂、ガンマ-リノレン酸）、セルロース、魚介類（フィッシュミール：DHA･EPA源、フィッシュエキス）、糖類（フラクトオリゴ糖）、卵類（ヨード卵粉末）、シャンピニオンエキス、ビール酵母、ビタミン類（A、D_3、E、K_3、B_1、B_2、パントテン酸、ナイアシン、B_6、葉酸、ビオチン、B_{12}、コリン、イノシトール）、ミネラル類（カルシウム、リン、ナトリウム、カリウム、塩素、鉄、コバルト、銅、マンガン、亜鉛、ヨウ素）、アミノ酸類（メチオニン、タウリン、トリプトファン）、酸化防止剤（ローズマリー抽出物、ミックストコフェロール）

原産国／日本

ユニ・チャームペット

ねこ元気　全成長段階用

お魚ミックス　まぐろ・かつお・白身魚入り

主原料は穀類で着色料が非常に多い

総合栄養食

商品名に魚が羅列されていますが、主原料は穀類と肉類。魚成分は、ミールとエキスがほとんどです。不要な合成着色料が山盛りで、おすすめできません。

味と食感の違う粒を3種類混ぜることで猫に飽きさせず、高い嗜好性を狙っているのが特徴のフードです。旧版に比べると味の付け方が変わってマイナーチェンジされています。

原材料

穀類（トウモロコシ、コーングルテンミール、小麦粉、パン粉）、肉類（チキンミール、ポークミール、ビーフミール、チキンエキス）、豆類（脱脂大豆）、動物性油脂、魚介類（フィッシュミール、フィッシュエキス、白身魚ミール、まぐろエキス、かつおエキス）、ビール酵母、酵母エキス、ミネラル類（カルシウム、塩素、コバルト、銅、鉄、ヨウ素、カリウム、マンガン、ナトリウム、リン、亜鉛）、アミノ酸類（タウリン、メチオニン）、ビタミン類（A、B_1、B_2、B_6、B_{12}、C、D、E、K、コリン、ナイアシン、パントテン酸、ビオチン、葉酸）、着色料（二酸化チタン、赤色40号、赤色102号、赤色106号、黄色4号、黄色5号）、酸化防止剤（ミックストコフェロール、ハーブエキス）

原産国／日本

マースジャパン

アイムス

成猫用　インドアキャット　チキン

上質なフードの基準には達せず

旧製品と比べるとマイナーチェンジされ、動物たんぱくは1位であるものの、ミール系になってしまいました。

さらに、酸化防止剤ＢＨＡ・ＢＨＴが新規に加えられています。そのため、安心で上質なフードの基準を割ってしまっています。

すでに長年アイムスを食べ慣れている猫は乗り換えが面倒かもしれませんが、新しく与えるならこれを選ぶ理由は少ないでしょう。

総合栄養食

△

原材料

肉類（チキンミール、チキンエキス、家禽ミール）、とうもろこし、植物性タンパク、大麦、油脂類（鶏脂）、家禽類、食物繊維（ビートパルプ、オリゴ糖）、ユッカ、ビタミン類（A、B_1、B_2、B_6、B_{12}、C、D_3、E、コリン、ナイアシン、葉酸）、ミネラル類（亜鉛、カリウム、クロライド、鉄、銅、ナトリウム、ヨウ素、リン）、アミノ酸類（タウリン、メチオニン）、酸化防止剤（ミックストコフェロール、ローズマリー抽出物、クエン酸、BHA、BHT）

原産国／オーストラリア

ペットライン

キャネットチップ
こく旨リッチ　お魚グルメ

おいしいが、健康な猫には不要

総合栄養食

真空製法で旨味オイルをしみこませ、さらに旨味パウダーをふりかけることで、おいしくしてあります。ただし、成分は廉価フードの典型で穀類が主原料で、肉類はミール、それに加えて合成着色料も添加されています。

廉価フード育ちの猫が入院したとき、これしか食べない、というケースがありましたが、健康な猫であれば、わざわざ与える理由は見当たりません。

原材料

穀類（とうもろこし、菓子粉、コーングルテンフィード、コーングルテンミール等）、肉類（ミートミール、チキンレバーパウダー、等）、豆類（おから、脱脂大豆、等）、油脂類（動物性油脂）、魚介類（フィッシュミール、フィッシュエキス、まぐろエキス、かつおエキス、白身魚エキス）、卵類（ヨード卵粉末）、ビール酵母、ビタミン類（A、D_3、E、K_3、B_1、B_2、パントテン酸、ナイアシン、B_6、葉酸、ビオチン、B_{12}、コリン、イノシトール）、ミネラル類（カルシウム、リン、ナトリウム、カリウム、塩素、鉄、コバルト、銅、マンガン、亜鉛、ヨウ素）、アミノ酸類（メチオニン、タウリン）、着色料（赤102）、酸化防止剤（ローズマリー抽出物、ミックストコフェロール）

原産国／日本

日本ペットフード

ビューティープロ キャット 猫下部尿路の健康維持 1歳から

日本ペットフード社製の中ではハイエンド

総合栄養食

フィッシュとチキンの2つの味があり、ノーマル・避妊去勢・下部尿路対策・低脂肪に分かれています。大々的に尿路疾患対策品と書かれてはいますが、あくまで市販品レベルなので過信はしてはいけません。

基本となる配合は穀類1位＋ミール・肉粉ですが、着色料や合成保存料は排除されています。被毛の健康によい成分を配合するなど、努力をしている様子はうかがえます。

原材料

穀類（トウモロコシ、コーングルテンミール、パン粉、小麦粉）、肉類（牛肉粉、チキンミール）、タピオカα化でん粉、油脂類（植物性油脂、動物性油脂）、魚介類（フィッシュパウダー、マリンコラーゲン）、オリゴ糖、L-カルニチン、GABA、ミネラル類（カルシウム、リン、カリウム、ナトリウム、クロライド、銅、亜鉛、ヨウ素）、pH調整剤、酵母細胞壁（食物繊維源）、ビタミン類（A、B_1、B_2、B_6、B_{12}、D、E、K、ニコチン酸、パントテン酸、葉酸、コリン）、アミノ酸類（タウリン、トリプトファン、メチオニン）、酸化防止剤（ミックストコフェロール、ローズマリー抽出物）、ヒアルロン酸

原産国／日本

アルモネイチャー

ホリスティックドライフード

チキン&ライス（605）

原材料のクオリティに留意したフード

総合栄養食

肉主体で、添加物も入っていません。製造しているのは、世界ではじめて100％ナチュラルフードを作ったイギリスの会社です。

中国産小麦粉不使用なので、世界中で多くの犬猫が死亡したメラミン入り小麦粉事件の際もリコールはなかったそうです。原材料の品質にかなり気をつかっているメーカーです。

原材料

肉類（フレッシュチキン26%、チキン、ターキー、ポーク、ビーフ）、シリアル（米14%、大麦、トウモロコシ）、植物性タンパク質、鶏脂肪、ミネラル、野菜類（植物由来チコリから抽出イヌリン、フラクトオリゴ糖FOS0.1%を含む）、マンナンオリゴ糖（MOS）

原産国／イタリア

アーテミス

オソピュア グレインフリー　フィーライン サーモン&ガルバンゾー（02529）

高価格なグレインフリーフード

総合栄養食

配合されている成分は非常に高品質で安心ですが、価格も相応に高いです。他のグレインフリー製品と同じく、えんどう豆、ひよこ豆を使用し、動物たんぱくはサーモンを使用。

しかし近年、グレインフリー食を使う犬に心臓疾患が多いという統計も。今後、猫の情報も出ると思いますので注意が必要です。穀物アレルギーの猫にだけおすすめします。

原材料

フレッシュサーモン・ドライサーモン・えんどう豆・ガルバンゾー豆（ひよこ豆）・ヒマワリオイル・フラックスシード・チキンスープ（天然風味料）・DLメチオニン・塩化コリン・タウリン・乾燥チコリ根・パンプキン・ココナッツオイル・ラクトバチルスアシドフィルス・ビフィドバクテリウムアニマリス・ラクトバチルスロイテリ・キレート亜鉛・ビタミンE・ナイアシン・キレートマンガン・キレート銅・硫酸亜鉛・硫酸マンガン・硫酸銅・混合メナジオン重亜硫酸ナトリウム・チアミン硝酸塩（ビタミンB_1）・ビタミンA・ビオチン・ヨウ化カリウム・パントテン酸カルシウム・リボフラビン（ビタミンB_2）・ピリドキシン塩酸塩（ビタミンB_6）・ビタミンB_{12}・酸化マンガン・亜セレン酸ナトリウム・ビタミンD・葉酸

原産国／アメリカ

アカナ

パシフィカキャット

全猫種用

材料の品質や配合比にこだわり

基本的には、良質の材料で作られた高たんぱく・グレインフリーのフードです。

ただ、旧製品に比べ、魚原料の一部がミールに変わっています。一応、単に丸ごと粉砕したもののような書き方をされているので品質面では変化はないと思われます。

高価な点と、グレインフリーがあらゆる猫に合うわけではない点には、注意して与えてください。

総合栄養食

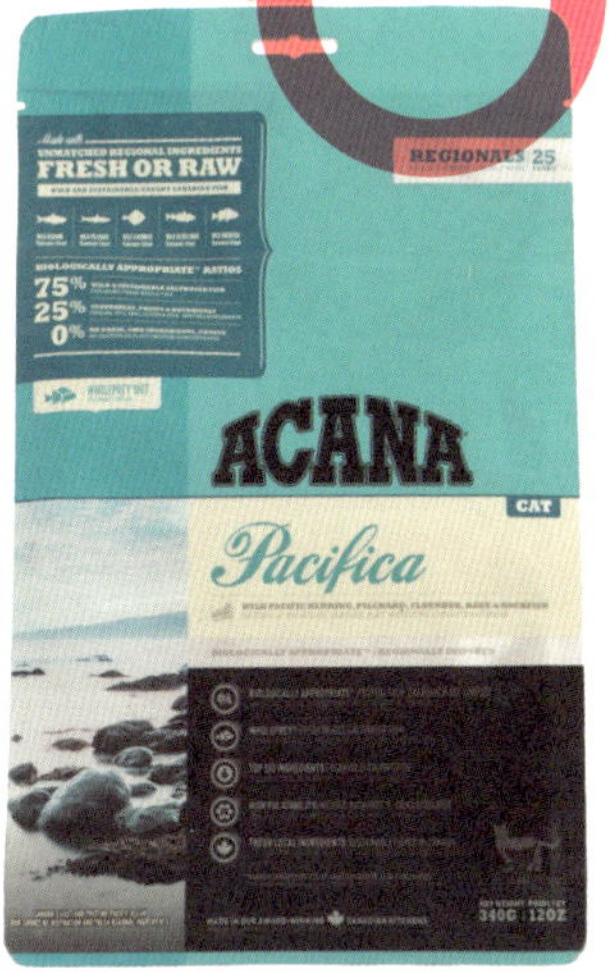

原材料

新鮮丸ごと太平洋ニシン（16%）、新鮮丸ごと太平洋イワシ（13%）、新鮮丸ごとアブラカレイ（8%）、丸ごとニシンミール（8%）、太平洋タラミール（8%）、丸ごとシロガネダラミール（8%）、丸ごとグリンピース、丸ごと赤レンズ豆、丸ごとヒヨコ豆、丸ごと緑レンズ豆、タラ油（6%）、新鮮丸ごとシルバーヘイク（4%）、新鮮丸ごとレッドストライプメバル（4%）、丸ごとピント豆、丸ごとイエローピース、コールドプレスヒマワリ油、日干しアルファルファ、乾燥ブラウンケルプ、新鮮カボチャ、新鮮バターナッツスクワッシュ、新鮮パースニップ、新鮮グリーンケール、新鮮ホウレン草、新鮮カラシ菜、新鮮カブラ菜、新鮮ニンジン、新鮮レッドデリシャスリンゴ、新鮮バートレット梨、フリーズドライタラレバー（0.1%）、新鮮クランベリー、新鮮ブルーベリー、チコリー根、ターメリックルート、オオアザミ、ゴボウ、ラベンダー、マシュマロルート、ローズヒップ、添加栄養素（1kg 中）：天然濃厚トコフェロール：コリン 1000mg、ビタミンE：200IU、アミノ酸水和物亜鉛キレート：100mg，アミノ酸水和物銅キレート：10mg，ビタミンK：1.25mg
畜産学的添加物：腸球菌フェシウム

原産国／カナダ

獣医さんに聞いてみよう!

グレインフリーフードってどうなの？

高級キャットフードとして人気のグレインフリーフード、最近では犬で拡張型心筋症との関性が指摘されます。では、猫はどうなのでしょうか。

猫は完全な肉食のため、グレインフリー（穀物不使用）のフードのほうが優れているとして注目され、販売が急増しています。

グレインとは、米、トウモロコシ、小麦、大麦、大豆などの穀類のことですが、ペットフード業界では狭義で豆類を含まないイネ科の食材だけを指します。高額品が多いので、健康に良いものだと錯覚されているようです。

ところが、最近、米食品医薬品局が、犬の拡張型心筋症にグレインフリーフードが関連している可能性がある、という調査結果を発表。発表されたデータは犬のものですが、拡張型心筋症の症例の90％以上でグレインフリー食を与えており、その93％は主成分にえんどう豆やレンズ豆が含まれていたそう。タウリン補給やフードの変更で改善したとのことですが、タウリン欠乏は猫に心筋症を起こす重要な要因であるため、他人事ではないでしょう。

特定の穀類がアレルゲンである猫にグレインフリー食を与えるのは理に適っています。また、肉食獣に植物性材料を多給すべきではないのも当然です。ただ、普通の猫に与えるとなると、もともと猫が捕食している小動物の胃腸の中にはグレインを含む植物が多少入っているので、100％排除するのは不自然です。

フードに迷ったら獣医師に相談を

ヒトの世界でもこの食べ物が健康に良いなどと話題になりますが、根拠があいまいだったり、あとで覆ったりします。

たとえば、「ラム＆ライス」と銘打ったフードの場合、ラム肉も米も本来あまり使われない食材だったためアレルギーの原因になることが少なく、アレルギー処方食の主原料に利用されました。

店舗で値の張るラム＆ライスを見るうちに消費者は「ラム＆ライスは上等品」と思い込んでしまったのです。

メーカーはこれを訂正せず商売に利用し、ラムと米を含んでいるものの、それ以外の素材も入っている製品に「ラム＆ライス」と書いて販売しています。もちろんアレルギー管理の上で全く利点はなく、廉価粗悪な原料が入っていないという指標にもなりません。

グレインフリーは、すべてのペットにとって最高のフードではありません。グレインフリーを必要とする特定の動物のためのものです。

飼っている猫がそうであるかどうか、かかりつけの獣医師に相談してから購入を検討してください。

アニモンダ

フォムファインステン
デラックス　アダルト（83751）

◎

公式サイトを一読してから購入計画を

総合栄養食

高級メーカーの製品で、原料には人間用クオリティのものを使用。ヨーロッパメーカーは単品で完全栄養食にせず、シリーズ内の原料違い製品をローテーションする方式を推奨しています。また、グレインフリーのもの、そうでないものもあります。鳥肉粉（低灰）という表現はそのままの鶏粉砕物だとミネラルが多すぎるので、骨などを取り除く下処理をしていることを示していると思われます。

原材料

鳥肉粉（低灰）、ライス、コーン、鳥脂肪、コーンタンパク、牛脂、魚油、鳥レバー、ビートパルプ、加水分解鳥タンパク、イースト、乾燥全卵、オート麦繊維、炭酸カルシウム、塩化ナトリウム、チコリ繊維、ユッカシジゲラ、ビタミンA、ビタミンD_3、ビタミンC、L-カルニチン、ミネラル（銅、亜鉛、セレン、ヨウ素）

原産国／ドイツ

CUPURERA

ホリスティック グレインフリーキャットフード

公式サイトの詳細な成分説明に好感

総合栄養食

グレインフリー（48ページを確認してください）のハイプレミアムクラスのフードです。「モンモリロナイト」という聞き慣れない成分が入っています。これは鉱物の一種で、ミネラル補給のためのサプリ的な扱いで入っているようです。ただ、実効性はわかりません。

公式サイトに各種成分の詳細な説明があるので、好感がもてます。

原材料

魚類（ギンヒラス、シロギス、豪州真ダイ）、サツマイモ、魚油、藻類（昆布）、モンモリロナイト、ユッカ、白菜、アルファルファ、炭酸カルシウム、チコリ、活性酵素、プロバイオティクス（好酸性乳酸桿菌、機能性酵母、陽性桿菌）、多糖類、必須アミノ酸（タウリン、アルギニン、ヒスチジン、ロイシン、イソロイシン、バリン、リジン、メチオニン、フェニルアラニン、スレオニン、トリプトファン）、ビタミン&キレートミネラル（カロチン、塩化コリン、ビタミンE、鉄、ビタミンA、亜鉛、ナイアシン、葉酸、チアミン、ビタミンB_6、マンガン、ビタミンK群、ヨウ素）

原産国／オーストラリア

ウェルネス

ウェルネス 穀物不使用

成猫用　1歳以上　骨抜きチキン

高品質で乳酸菌も配合

総合栄養食

高品質の原料に、乳酸菌を多数配合。チキンミールはグルコサミン・コンドロイチン源として取り入れています。また、家禽副産物に分類される「頭足腸」は使用していないとのことです。おそらく、軟骨を含む「ガラ」の部分を粉砕して使用していると思われます。

グレイン入りの製品については、一般販売されていないものの、一部ショップ限定で取り扱われています。

原材料

骨抜きチキン、チキンミール（グルコサミンおよびコンドロイチン硫酸源）、えんどう、ひよこ豆、鶏脂（ミックストコフェロールで酸化防止）、トマトポマス、粗挽き亜麻仁（オメガ－3脂肪酸源）、乾燥粗挽きじゃがいも、チキンエキス、サーモン油、クランベリー、チコリ根抽出物、乾燥こんぶ、ラクトバチルス・プランタルム*、エンテロコッカス・フェシウム*、ラクトバチルス・カゼイ*、ラクトバチルス・アシドフィラス*、ユッカ抽出物、ビタミン類（コリン、E、ナイアシン、A、アスコルビン酸、B_1、パントテン酸、B_6、B_2、D_3、ビオチン、B_{12}、葉酸）、ミネラル類（塩化カリウム、亜鉛タンパク化合物、硫酸亜鉛、炭酸カルシウム、鉄タンパク化合物、硫酸第一鉄、硫酸銅、銅タンパク化合物、マンガンタンパク化合物、硫酸マンガン、亜セレン酸ナトリウム、ヨウ素酸カルシウム）、アミノ酸類（タウリン）、酸化防止剤（ミックストコフェロール、ローズマリー抽出物、緑茶抽出物、スペアミント抽出物）

*乳酸菌

原産国／アメリカ

日清ペットフード

jpスタイル 和の究み

1歳から遊び盛りの成猫用 うまみかつお味

総合栄養食

費用がかけられないときに

日清ペットフードの製品群の中ではハイエンドですが、穀類1位＋ミール系の廉価フード。乳酸菌とオリゴ糖を配合し、腸内環境に配慮しています。合成着色料と合成保存料は避けてあります。

風味付けのために魚パウダー系を多く使用。費用をかけられないときの選択肢の一つにしてもいいでしょう。

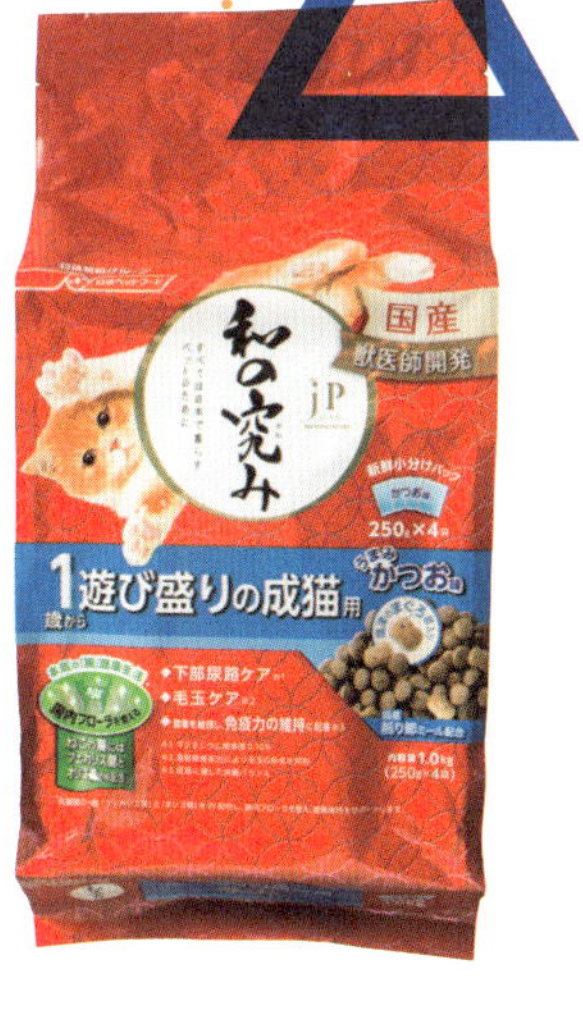

原材料

穀類（小麦全粒粉、コーングルテンミール、中白糠、とうもろこし、ホミニーフィード、小麦粉）、肉類（チキンミール、ミートミール）、でんぷん、油脂類（動物性油脂、フィッシュオイル）、魚介類（削り節ミール、フィッシュパウダー、まぐろ節、かつおパウダー）、ビートパルプ、粉末セルロース、オリゴ糖、β-グルカン、ユッカ抽出物、乳酸菌末（エンテロコッカス・フェカリス）、ミネラル類（カルシウム、リン、カリウム、ナトリウム、塩素、鉄、銅、マンガン、亜鉛、ヨウ素）、フマル酸、アミノ酸類（メチオニン、タウリン）、ビタミン類（A、D、E、K、B_1、B_2、B_6、パントテン酸、ナイアシン、葉酸、コリン）、酸化防止剤（ローズマリー抽出物）

原産国／日本

アニマル・ワン

たまのカリカリねこまんま

自然素材志向で、副産物一切不使用

総合栄養食

既製品のメジャーなフードには表示に見えないさまざまな添加物があり、それが悪さをしていると疑う場合に自家製のハンドメイドフードにすると改善することがあります。

高額ですが、一般に販売されている上等フード、アレルギー対応食で体調の改善が見られない猫では、このようなフードを与えてみる価値があるでしょう。

原材料

鶏肉、玄米、かつお粉、大麦、きなこ、菜種油、煮干し、わかめ、昆布、大根葉、ごぼう、にんじん、ハト麦、あわ、キャベツ、きび、玄ソバ、大豆、とうもろこし、白菜、高菜、パセリ、青じそ、ビール酵母、発酵調味液、ミネラル類（カルシウム、鉄、銅、亜鉛）、ビタミン類（A、E、B_2）

原産国／日本

イースター

グルメライフ 贅沢香味

かつお節の香り　いりこ添え

原材料が廉価普及品レベル

総合栄養食

△

主原料に粉、エキス、ミールが多く、廉価普及品レベルの原材料であることがわかります。便の消臭に炭が配合されていますが、あまり効果はないでしょう。

小袋を連結したパッケージは、つい買い物カゴに入れてしまう心理を狙っており、本質で勝負しているとは言いがたい商品です。

原材料

小麦粉、米粉、コーングルテンミール、チキンミール、ポークミール、動物性油脂、いりこ、酵母エキス、チーズパウダー、かつお削り節、ビール酵母、卵黄粉末、チキンエキス、フィッシュソリュブル、オリゴ糖、精製魚油（DHA・EPA源）、活性炭（竹炭）、ミネラル類（炭酸カルシウム、第二リン酸カルシウム、塩化カリウム、食塩、硫酸亜鉛、硫酸銅、ヨウ素酸カルシウム）、アミノ酸類（DL-メチオニン、塩酸L-リジン、タウリン、L-トリプトファン）、酸味料（クエン酸）、ビタミン類（コリン、E、ナイアシン、B_2、A、B_1、B_6、葉酸、パントテン酸、K、D_3、B_{12}）

原産国／日本

日本ペットフード

コンボ　キャット　連パック

海の味わいメニュー　かつお節添え

主原料が穀類で着色料を多数使用

総合栄養食

主原料が穀物。「食べきりサイズで使いやすい」とうたっていますが、小袋を縦に連結したパッケージで買いやすさを狙っているだけで、フードのクオリティに気を配っているとは言いがたい商品でしょう。

加えて、赤色102号や赤色106号、黄色5号など、多くの合成着色料が添加されています。

原材料

穀類（トウモロコシ、コーングルテンミール、小麦粉、パン粉）、肉類（チキンミール、牛肉粉、豚肉粉）、魚介類（小魚、フィッシュミール、カツオブシ、フィッシュパウダー、マグロ節粉、マグロエキス、小魚粉末、カツオエキス、シラスパウダー）、油脂類（動物性油脂、植物性油脂、γ-リノレン酸）、脱脂大豆、オリゴ糖、ハーブ（タイム、ディル、フェンネル）、野菜類（トマト、ニンジン、ホウレンソウ）、クランベリーパウダー、ミネラル類（カルシウム、リン、カリウム、ナトリウム、クロライド、銅、亜鉛、ヨウ素）、pH調整剤、アミノ酸類（タウリン、トリプトファン、メチオニン）、ビタミン類（A、B_1、B_2、B_6、B_{12}、D、E、K、ニコチン酸、パントテン酸、葉酸、コリン）、酵母細胞壁、着色料（二酸化チタン、食用赤色102号、食用赤色106号、食用黄色5号、食用青色1号）、酸化防止剤（ミックストコフェロール、ローズマリー抽出物）、グルコサミン、コンドロイチン

原産国／日本

日本ペットフード

ミオ　ドライミックス　かつお味ミックス

総合栄養食

健康に留意という割に着色料多数使用

「低マグネシウム設計で猫下部尿路の健康維持に配慮」「粒を噛むことで歯石の蓄積を軽減」とあり、健康に配慮しているようですが、原材料を見ると、穀類が主原料の典型的な廉価フードです。

　赤色102号をはじめ、着色料がたくさん入っていることが気になります。低価格ではありますが、安さには理由があることを覚えておきましょう。

原材料

穀類（トウモロコシ、コーングルテンミール、小麦粉、パン粉）、肉類（チキンミール、牛肉粉、豚肉粉）、油脂類（動物性油脂、植物性油脂、γ-リノレン酸）、魚介類（フィッシュパウダー、カツオ粉末、マグロ節粉、小魚粉末）、脱脂大豆、オリゴ糖、野菜類（トマト、ニンジン、ホウレンソウ）、クランベリーパウダー、ミネラル類（カルシウム、リン、カリウム、ナトリウム、クロライド、銅、亜鉛、ヨウ素）、アミノ酸類（タウリン、トリプトファン、メチオニン）、pH調整剤、ビタミン類（A、B_1、B_2、B_6、B_{12}、D、E、K、ニコチン酸、パントテン酸、葉酸、コリン）、着色料（二酸化チタン、食用赤色102号、食用黄色5号、食用青色1号）、酸化防止剤（ミックストコフェロール、ローズマリー抽出物）、グルコサミン、コンドロイチン

原産国／日本

獣医さんに聞いてみよう!

猫の腎臓病対策

気づかないうちに悪化してしまう腎臓病。なぜ腎臓に疾患が起こりやすいのか、その原因と対策を紹介します。

猫がかかりやすい病気に腎臓病が挙げられます。猫の腎臓は5～6歳を境に、だんだんと機能が落ちはじめ、10歳からの老齢期に入ると、腎臓病が起こりやすくなるといわれています。

そもそも、猫の祖先は砂漠などの乾燥地帯に生息していました。そのため、体の水分をできるだけ体内に留めておけるよう、濃縮した尿が出せる体へと進化していきました。しかし、同時に腎臓への負担も大きくなったのです。

現代の猫は15歳以上生きることも珍しくありません。長生きするほど、腎臓への負担も大きくなるため、腎臓病が発生しやすくなります。

飼い猫が若いうちから、かかりつけの動物病院で食事指導を受けたり、日頃から体調の変化に気を配ったりしましょう。

加齢による腎臓の機能低下の段階で気づかずに放置しておくと、腎臓病が進行して、やがて慢性腎不全になります。

慢性腎不全は進行性の病気なので、遅くすることはできても完治はできません。

左のチェックリストを参考にして、飼い猫のようすが少しでもおかしいと感じたら、すぐにかかりつけの動物病院で診察を受けましょう。

また、尿検査でも腎臓病の発見は可能なので、7～8歳になったらこまめに検診を受けるようにしましょう。

●腎臓病のチェックリスト

- □ 水の器を交換の前後で計量し、飲んだ量をチェック→1日で、**体重1kgあたり60mL以上飲んでいないか。**
- □ 食事や尿をするタイミングが毎日一定なら、**尿の色とにおいを確認する。**
- □ 決まった量のフードを与え、ときどき体重を量る→**減量していないのに、体重が減っていないか。**
- □ 背中の皮膚をつかんで上に引っ張り上げる→**脱水が起きている場合は「ジワー」とゆっくり戻る。もしくは、つまんだ皮膚がそのまま帆のように持ち上がったまま動かなくなる。**
- □ **毛がバサバサしている、食欲低下、嘔吐、貧血、口内炎**の症状は末期。こうなる前に病院に行くこと。
- □ 中高年になったら、**6カ月～1年に一度は尿検査と血液検査**などをかかりつけ医と相談して行なう。

アース・ペット

ファーストチョイス

味にうるさい室内猫用　成猫 1歳以上　サーモン&チキン

厳選したチキンとサーモンが主原料

総合栄養食

　動物たんぱくにはおいしい鶏肉とサーモンを使用したという、平均的なプレミアムフードです。気になる余計な成分はとくにありません。

　ファーストチョイスシリーズは堅実な反面、商品ごとにこれといった特色がありません。飼い猫に与えてみて、好むか好まないかで選ぶとよいでしょう。

原材料

鶏肉、玄米、コーン、コーングルテンミール、鶏脂、サーモン、ビートパルプ、たん白加水分解物、セルロース、乾燥全卵、全粒亜麻仁（オメガ3脂肪酸源）、サーモン油（DHA源）、酵母、乾燥トマト、マンナンオリゴ糖、乾燥チコリ（イヌリン源）、ユッカ抽出エキス、大豆レシチン、硫酸水素ナトリウム、DL-メチオニン、タウリン、ビタミン類（A、D_3、E、C、B_1、B_2、パントテン酸、ナイアシン、B_6、葉酸、ビオチン、B_{12}、コリン）、ミネラル類（ナトリウム、クロライド、カリウム、鉄、亜鉛、マンガン、カルシウム、セレン、ヨウ素）、酸化防止剤（ビタミンE）

原産国／カナダ

アイシア
純缶ミニ
フレーク　まぐろ100%ベース

一般食

△

猫が好む食感は添加物によるもの

マグロを主原料にしたフレークタイプで、マグロの白身肉と血合肉のコンビネーションで、食いつきのよさを重視した一般食です。腸内環境の善玉菌を増やし、腸内を良好に保持するオリゴ糖を配合しています。

増粘多糖類とは、ゼリーのとろりとした食感を出すための添加物。あくまでも一般食なので、栄養バランスが整っている総合栄養食と併用してください。

原材料

マグロ、オリゴ糖、増粘多糖類、ビタミンE

原産国／タイ

ネスレ
ピュリナ　モンプチ
ゴールド　極上まぐろ

△

添加物によるゼリー仕上げ

一般食

まぐろを主原料にした、ゼリー仕上げの一般食フードです。まぐろとかつおをフレークにすることで、猫の満足度を高めているようです。原材料には、厳選した〝極上〟まぐろとありますが、どこで獲れたものなのか不明で、グレードについての表記がありません。

抗酸化作用の高いビタミンEを配合。ただ、とろみをつけるための増粘多糖類を摂取することで、おなかがゆるくなることがあります。

原材料

まぐろ、かつお、増粘多糖類、ビタミンE

原産国／タイ

三洋食品

食通たまの伝説 まぐろ・チーズ&花かつお

△

栄養補完食

ラインナップ豊富で無添加総合栄養食もある

免疫力を高め、抗がん効果もあるキトサンを使用。ほかにも、便秘解消や整腸作用に高い効果を上げるオリゴ糖があり、排泄がスムーズになるでしょう。ただ、栄養補完食なので、こればかり与えると栄養が偏ります。

同シリーズの「ライフステージ食」には総合栄養食に近い成分のものもあるので、そちらも検討しましょう。２０１８年には総合栄養食の無添加缶詰も発売されています。

原材料

まぐろ、チーズ、ツナエキス、かつお節、キトサン、オリゴ糖、増粘多糖類、ビタミンE、海藻ゼリー、かつおぶし、鶏ささみ

原産国／日本

アイシア

金缶だし仕立て まぐろ

△

気になる添加物入りで、汁気の多い猫缶

一般食

まぐろのうまみがしみ込んだだしで、まぐろのフレークをじっくり煮込んだ猫缶。多くのシリーズを出しているアイシアですが、この金缶シリーズは国産なのがウリです。金缶シリーズのなかでも、「金缶だし仕立て」シリーズは、汁気がやや多めに作られています。

ただし、原材料に増粘多糖類とタンパク加水分解物が入っており、よくある一般食缶詰の枠を出るものではありません。

原材料

魚介類（マグロ、まぐろエキス等）、たんぱく加水分解物、乾燥酵母、オリゴ糖、増粘安定剤（加工でん粉、増粘多糖類）、ビタミンE

原産国／日本

ナチュラルバランス

サーモンフォーミュラー

不安な添加物ゼロの総合栄養食

人工的な保存料、着色料、香料といった添加物を一切使用していません。サーモンを主原料に、シロマス、鶏肉肝臓、玄米粉、ニンジン、鶏卵、ビタミン類などを配合することで、栄養バランスを整えています。

ナチュラルバランスの缶詰は主原料の違いで非常に多くの種類があります。値段が高いので常食はしにくいでしょう。

総合栄養食

◎

原材料

サーモン、チキン、チキンレバー、サーモン煮汁、シロマス、ドライエッグ、玄米粉、ニンジン、自然風味、塩化コリン、ビタミンE、硝酸チアミン、ナイアシン、ビタミンA、メナジオン重亜硫酸ナトリウム(ビタミンK)、ピリドキシン塩酸塩、D カルシウムパントテン酸塩、リボフラビン、葉酸、ビオチン、ビタミンB_{12}、クランベリー、第二リン酸カルシウム、亜鉛蛋白、硫酸亜鉛、硫酸鉄、鉄蛋白、硫酸銅、銅蛋白、硫酸マンガン、マンガン蛋白、ヨウ素酸カルシウム、亜セレン酸ナトリウム、グァーガム、塩、塩化カリウム、タウリン、カラゲナン

原産国/アメリカ

アニモンダ

カーニーオーシャン ホワイトツナ・エビ（83300）◎

人間の食物と同レベルな原料の安心フード

一般食

原料は、ホワイトツナ、ツナの煮汁、エビのみで、人工の保存料や着色料の使用は一切ありません。アニモンダでは、人間と同レベルの食材を使い、危険度の高いものは一切使用していないので、安心して与えられます。

生のエビに含まれるチアミナーゼは、ビタミンB_1欠乏症をひき起こす可能性がありますが、本商品ではボイルエビを使っているので問題ありません。

原材料

ホワイトツナ、煮汁、エビ

※アニモンダなどのヨーロッパ系ナチュラルフードメーカーは、アメリカ式の総合栄養食という概念に従っておらず、それぞれ各社が複数のドライと大量の副食缶詰を出していて、適当にローテーションすることを想定して作られています。

原産国／ドイツ

いなばペットフード

CIAO まぐろ&とりささみ ほたて味

△

非常に多くの味があるのでお好みで

一般食

いなば食品は100種類ほどの猫缶を作っていて、こんなに細分化して採算がとれるのか心配になってしまいますが、こちらもそのラインナップのうちの1つです。

数種類の肉と風味付けのエキス、そして増粘多糖類によるトロミ付けというよくある配合の製品です。本来、このようなものは栄養上必要のないものです。増粘多糖類も、ないに越したことはない成分だと言えます。

原材料

まぐろ、鶏肉（ささみ）まぐろエキス、ほたてエキス、増粘多糖類、ビタミンE、緑茶エキス

原産国／日本

ネスレ
ピュリナ　味キラリ
かつおだし　まぐろ

△

シンプル原料でも、不安な着色料を添加

一般食

食べやすさを重視した、ゼリータイプのウエットフード。一般食なので、総合栄養食との併用が必要です。主原料の魚介類に、まぐろ、かつおの素材そのものを使用しているので、好感がもてます。ただし、カラメル色素を着色料として使用しているのが不安です。

公式サイトに成分表示がありません。愛猫家のために通常は掲載されるので、掲載したくない事情があるのか、気になります。

原材料

まぐろ、かつお、フィッシュエキス、増粘安定剤（加工でんぷん、グアガム）、カラメル色素、ビタミンE

原産国／タイ

アニモンダ

ラフィーネ プティ ◎

肉と魚（83472）

食材と栄養バランス、どちらもグッド！

総合栄養食

アニモンダ製の中では、とくにおいしさを追求したシリーズ。着色料、保存料、酸化防止剤、香料は一切不使用。すべて人間と同等の食材で作られています。猫が健康をキープするのに必要なビタミン、ミネラルを配合。

形状はムース食感のパテなので、食欲がないときや歯が弱くなった老齢猫でも食べやすいです。ある程度栄養バランスは調整されていますが、主食のドライと併用してください。

原材料

肉類（牛肉・鳥肉・豚肉）、魚類（サーモン、アンコウ）、油脂類、野菜副産物、ビタミンD_3、ミネラル（銅、亜鉛、マンガン、ヨウ素）

原産国／ドイツ

日清ペットフード

懐石缶
まぐろ白身　かに添え　魚介だしゼリー

水分多めで増粘多糖類使用

一般食

まぐろの白身と、かつおが主成分で、カニとフィッシュエキスで風味付けしてある魚介系のフードになっています。

缶詰製品の中では、水分が90%と多めであり、増粘多糖類を使用することによってゼリー状にしてあります。腸内細菌を強化するオリゴ糖が入っているのも特徴です。

この商品もよくある一般食缶詰の域を出てるものではありません。

原材料

まぐろ、かつお、かに、フィッシュエキス、オリゴ糖、増粘多糖類、調味料（アミノ酸等）、ビタミンE

原産国／タイ

ユニ・チャームペットケア

銀のスプーン缶
まぐろ・かつおにささみ入り

△

おいしさ重視の一般食缶詰

一般食

まぐろとかつおが主原料の一般食。魚のおいしさをギュッと凝縮したフィッシュエキスを配合して、風味をさらに上げています。また、ささみも入っているので、食べたときの歯ごたえと味の変化を楽しむことができます。

味つけのために調味料を使用していますが、何を使っているのか、具体名が書かれていないため、不安が残ります。

原材料

魚介類（かつお、まぐろ、フィッシュエキス）、肉類（ささみ）、調味料、増粘多糖類

原産国／タイ

いなばペットフード

CIAO まぐろ&とりささみ　チーズ入り

チーズの塩分量には注意を

一般食

△

　便や尿の臭いを軽減するために緑茶消臭成分が配合されているゼリー仕立ての一般食。まぐろ、ささみ、チーズが入っています。嗜好性が高くロングセラーの製品。まぐろととりささみをベースに、おかか・ほたて・たまご・すなぎも・チーズの5種類があります。

　量は多くないですがチーズに塩分が入っているので、心臓や腎臓が悪い猫では注意してください。

原材料

まぐろ、鶏肉（ささみ）、チーズ、まぐろエキス、増粘多糖類、ビタミンE、緑茶エキス

原産国／日本

ネスレ

ピュリナ　モンプチ

プチリュクス　チキン&ツナ　とろみスープ仕立て

△

水分多めでスープ仕立ての一般食

一般食

35gと少量で、トッピングに使い切りで加えるのに向いています。

透明プラスチックのトレーに入っており、横から直接見ることができるので、購入前に中身をチェックできるようになっています。

増粘多糖類と発色剤の亜硝酸ナトリウムが入っています。モンプチのホームページは、商品についての詳細情報が見られないので、不便です。

原材料

チキン、ツナ、増粘多糖類、発色剤（亜硝酸ナトリウム）

原産国／タイ

デビフペット

愛猫の介護食 ささみ

栄養バランスはいいが投与には練習を

総合栄養食

老齢猫のために粉砕してありますが、栄養価は全年齢に合わせてあります。

食欲不振や重度の口内炎のとき、なめらかな食感のものを口の奥に入れると、すんなり飲み込ませることができます。大豆2、3個分ぐらいを舌の丘の頂上からちょっと向こうに素早くムニュっと置いて食べさせますが、最初は病院のスタッフに実演してもらってください。

原材料

鶏肉、鶏ささみ、鶏レバー、鶏卵、食塩、増粘安定剤（増粘多糖類、加工でんぷん）、タウリン、ミネラル類（Ca,P,Zn,Fe,Cu,I,Mn）、ビタミン類（E,D,B_1）

原産国／日本

日本ヒルズ・コルゲート

サイエンス・ダイエット

ライト　缶詰

肥満傾向の成猫用　1歳～6歳

○

定番プレミアムフードの缶詰版

総合栄養食

サイエンス・ダイエットはよい原材料を使うなど、昔から実績があります。ただ、肥満ぎみの猫にわざわざおいしい缶を与える必要はないので、ドライのほうを与えましょう。

水分摂取が十分でない猫には、主食のドライフードと同じグレードの缶詰を、補助として与えてもいいでしょう。カラメル色素と増粘多糖類が入っているのは気になる点です。

原材料

ポーク、チキン、米、セルロース、小麦、コーンスターチ、コーングルテン、チキンエキス、亜麻仁、魚油、酵母、ミネラル類、増粘多糖類、ビタミン類、アミノ酸類（タウリン、メチオニン、リジン）、カラメル色素

原産国／アメリカ

AGRAS Delic

シシア・キャット　ツナ

余計なものが入っていない一般食

一般食

◎

イタリアのナチュラル系ペットフードで、他のヨーロッパ製と同じく、ドライの総合栄養食とウェットの一般食を組み合わせる形式をとっています。原材料はツナと米とビタミン類だけで、米はとろみづけ用でしょう。

食欲増進や水分補給のための副食缶には、このように素材のみで他に余計なものが入っていないものが望ましいです。

原料違いのバリエーションが多数あります。

原材料

ツナ51％*、米1.5％、ビタミンA1325IU、ビタミンD3110IU、ビタミンE15mg、タウリン160mg

*スマとカツオのミックスです

原産国／タイ

アルモネイチャー
ウェットフード
チキン胸肉（5022）

シンプルなナチュラルフード

一般食

◎

この製品は胸肉と米だけ、という拍子抜けするほど単純な構成です。

アルモネイチャー社はイタリアのナチュラルフードの草分けで、ヨーロッパのトップメーカーです。膨大な種類のフードの中からウェット60：ドライ40の組み合わせでローテーションすることを推奨しています。

ナチュラルフードは猫に食の喜びを与え、最大限、安全と健康に配慮した商品です。

原材料

鶏の胸肉75%、米1%

原産国／タイ

アニモンダ フォムファインステン アダルト 牛肉・鶏肉・豚肉・七面鳥(83208)

◎

一般食

高価なので副食か体力回復時に

肉類と煮汁、ビタミン類など、安全性の高い素材をシンプルに配合したフード。メーカーの方針として、ドライを軸にウェットを副食にすることで総合栄養食と同等になるものなので、単独使用はすすめません。

1個約400円と高価なので、日常的に与える食事としてでなく、つけ合わせか体力消耗時の回復用として、必要に応じて使いましょう。

原材料

肉類（鶏肉、牛肉、豚肉、七面鳥）、ビタミンD_3、ミネラル（銅、亜鉛、マンガン、ヨウ素）

原産国／タイ

マースジャパン

シーバ　デリ
お魚のほぐし身に　白身選りすぐり

△

シンプルな一般食ウェットフード

一般食

一般食缶詰の典型で、魚肉と増粘剤に加えて調味料を使用。主食のみではどうしても猫の食欲が安定しないときや水分補給を強化したいなとき、このように単純な構成の一般食ウェットフードを補助に使います。

ただ、アニモンダやアルモネイチャーほど徹底されていないにしても、添加物が使用されていない水煮があることも知っておきましょう。

原材料

魚介類（かつお、白身魚等）、増粘安定剤（加工でん粉、グァーガム）、調味料（アミノ酸等）

原産国／タイ

はごろもフーズ

ねこまんまパウチ しらす入り

魚肉ゼリー仕立て製品の典型

一般食

かつお肉にしらすをトッピングし、それをゼリーで包んであります。

魚肉に増粘剤と調味料を添加した、個性のない一般食のうちのひとつです。

水分補給の強化や、保護した直後の猫にとりあえず何か食べてもらうために使いますが、普段から与える場合はなるべく添加物の少ないものを使いましょう。

原材料

かつお、しらす、ほたてエキス、米、増粘多糖類、塩化カリウム

原産国／日本

日本ペットフード

コンボ キャット 海の味わいスープ まぐろとかにかまとしらす添え

水分補給を重視したスープ仕立て

一般食

水分が92・5%のスープタイプで水分補給を意識。少し水で薄めて与えてもよいです。15歳用や減塩タイプもあるので、高齢で愛猫が腎不全の場合、水分補給にはそちらを使いましょう。添加物入りですが、処方食の食いつきが悪いとき固形成分が少量のスープで味の良いものをかけてしのぐこともあります。

原材料

魚介類（マグロ、カツオ、シラス）、カツオエキス、カニカマ、魚介エキス、オリゴ糖、増粘安定剤（加工でん粉、キサンタンガム）、香料、ビタミン類（A、E）、調味料、パプリカ色素

原産国／タイ

ネスレ

ピュリナ　フィリックス

やわらかグリル　成猫用
ゼリー仕立て　ツナ

可もなく不可もない廉価品

欧米で広く販売されてきたフード。ネスレはいくつかのフード会社を買収して複数のブランドを併売していて、このシリーズは日本では２０１５年に販売開始されました。使い切り小袋のウェットフードが主力で、位置づけとしては廉価な総合栄養食です。価格は安く一袋50～70円ぐらいなので、あまり上質な原材料は使っていないと予想されます。

総合栄養食

△

原材料

肉類（ビーフ、チキン、家禽ミール等）、穀類（小麦グルテン等）、魚介類（ツナ、いわし）、糖類（ぶどう糖、シュガーシロップ）、ミネラル類（Ca、P、K、Na、Cl、Mg、Fe、Cu、Mn、Zn、I）、ビタミン類（A、D、E、K、B_1、B_2、パントテン酸、ナイアシン、B_6、葉酸、ビオチン、B_{12}、コリン）、アミノ酸類（タウリン）、増粘多糖類、着色料（酸化鉄、酸化チタン）

原産国／オーストラリア

ネスレ

ピュリナ モンプチ

プチリュクス パウチ まぐろのささみ添え かつおだし仕立て

△

種類が豊富だがグルメ化する恐れあり

一般食

水分87％の、スープ分多めの一般食です。

このようなパウチの一般食は、栄養価の調整がいらないためか、多くの種類があります。

健康な猫には必要ないばかりか、与えすぎると嗜好性《しこうせい》の強いフードに慣れてしまい、療法食はもとより主食の総合栄養食さえ食べなくなることもあります。適度に与えるようにしましょう。

原材料

魚介類（かつお、まぐろ、フィッシュエキス）、肉類（ささみ）、調味料、増粘安定剤（加工でんぷん、増粘多糖類）、カラメル色素、ビタミンE

原産国／タイ

マースジャパン

シーバ　リッチ

ごちそうフレーク
贅沢お魚ミックス　蟹かま・白身魚入り

△

とろみの強い一般食

一般食

レトルトの一般食で、とろみの粘性が強めのフードになっています。細かいフレークと、かつおぶしの香りで猫の食欲を煽ります。

常温だと、コラーゲンやゼラチン質が固まっているので、口の動きの悪い子にスプーンで入れてあげるには良いかもしれません。それ以外に特筆する点はなく、健康な猫にはわざわざ選ぶ根拠は薄い製品だと言えます。

原材料

魚類（かつお、白身魚等）、蟹かま、かつお節、増粘多糖類、調味料（アミノ酸等）、トマト色素

原産国／タイ

アイシア

Miaw Miawジューシー おにくプラス

新成分入りだが添加物も多数使用

総合栄養食

「a-iペプチド」という抗ストレス作用があるといわれるアミノ酸化合物が入っており、猫の心の健康維持をサポートしています。しかし、増粘剤、発色剤も入っているので、新成分のメリットがかすんでいます。

合成着色料は避けているものの、添加剤の種類は多め。ストレス対策成分を含んだフードやサプリメントは他にもあるので、積極的に与える理由も見当たりません。

原材料

魚介類（カツオ、マグロ、青魚、フィッシュペプチド）、肉類（鶏ささみ、鶏肉、牛肉）、油脂類（鶏油、大豆油）、たんぱく加水分解物、小麦グルテン、乾燥全卵、エンドウたんぱく、糖類（ショ糖、オリゴ糖）、乾燥卵黄、増粘安定剤（加工でん粉、増粘多糖類）、ミネラル類（Ca、P、Fe、Cu、Mn、Zn、I、Se）、ポリリン酸Na、調味料、着色料（二酸化チタン、三二酸化鉄、カラメル、β−カロテン）、ビタミン類（A、D、E、K、B_1、B_2、B_6、B_{12}、ナイアシン、パントテン酸、葉酸、ビオチン、コリン）、タウリン、発色剤（亜硝酸Na）

原産国／タイ

アニマル・ワン

猫舌シェフのすうぷ屋さん 赤のお野菜

食欲増進に使えるスープ

一般食

自然素材志向のアニマルワンが作る一般食で、極力、人間クオリティの素材から作ろうという努力が見られます。ただ、魚がどんな魚かわからないのが不安です。

穀類を多く使用しており、アレルギーの疑いがある場合は避けましょう。食欲増進や水分補給のための副食にはおすすめできます。

原材料

鶏肉、トマト、片栗粉、魚、にんじん、雑穀（押麦、玄米胚芽、ハト麦、もちあわ、もちきび、玄ソバ、大豆、とうもろこし）、チキンエキス、チーズシーズニング、発酵調味液、コラーゲン、ルイボス

原産国／日本

ペットライン

メディファス スープパウチ 1歳から まぐろと若鶏ささみ

総合栄養食

安定した品質のフード

成分に問題点はありません。ペットライン商品にヨード卵粉末が入っているのは、母体が畜産・水産飼料会社で、その特製飼料としてヨード卵・光を製造しているからでしょう。生だといいのですが、おそらくコスト面の問題で粉末なのでしょう。

粉末で、入っている量もわからないとはいえ、人間用としても定評のあるヨード卵を使用しているのは他社にはないメリットです。

原材料

ささみ、まぐろ、大豆油、米、パン粉、フィッシュエキス、オオバコ繊維、ヨード卵粉末、野菜粉末、ビタミン類（A、D_3、E、K_3、B_1、B_2、パントテン酸、ナイアシン、B_6、葉酸、ビオチン、B_{12}、コリン）、ミネラル類（カルシウム、リン、ナトリウム、カリウム、塩素、鉄、銅、マンガン、亜鉛、ヨウ素）、タウリン、EDTA-Ca·Na

原産国／日本

ペットライン

メディファス スープパウチ

1歳から　しらす・かつお節入り

副食

水分摂取を手伝う効果あり

　メディファスはドライとウェットの併用を推奨していて、このスープは水分補給量の増加が主な役割です。ただ混ぜて与える他、食間におやつのような使い方をしてもいいでしょう。

　構成はよくある一般食ですが余計な添加物は避けてあり、吸収が早くなるような浸透圧にしてあります。結石予防のためにpHコントロール機能にも配慮されています。

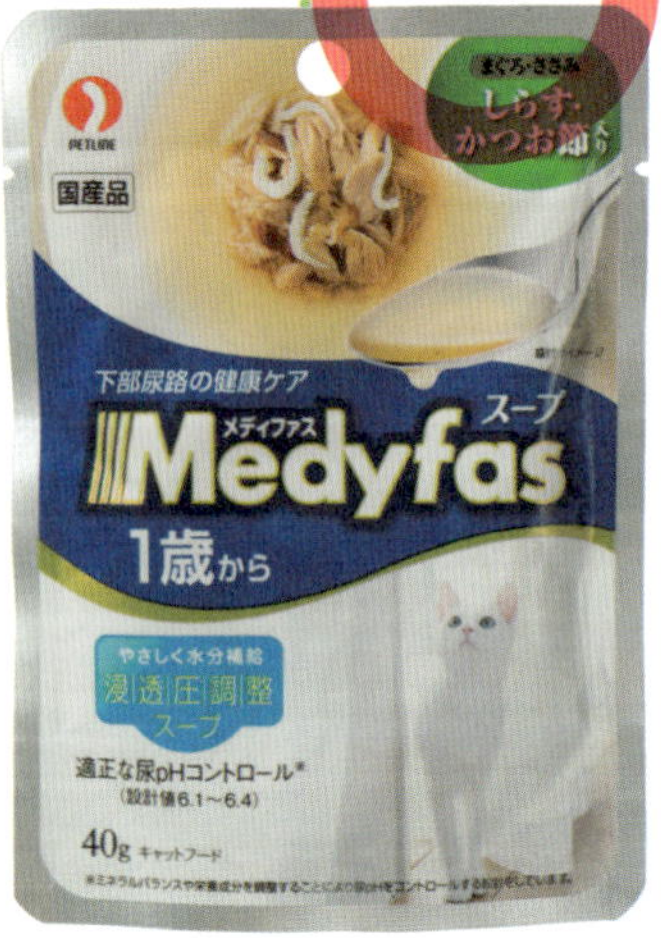

原材料

魚介類（まぐろ、しらす、かつお節、まぐろエキス）、肉類（鶏ささみ）、糖類、オオバコ繊維、酵母エキス、ビタミンE、ミネラル類（カルシウム、リン）

原産国／日本

日本ヒルズ・コルゲート

サイエンス・ダイエット

11歳以上用　チキン

◎

栄養だけでなく、味と形にもこだわり

総合栄養食

高齢になっても元気でいられる体作りのために、ビタミンE、C、ベータカロテンを配合したヒルズ独自の「スーパー抗酸化システム」を採用。また、栄養バランスでは尿pHを管理して下部尿路の健康を維持するなど、エイジングケアについても考えられています。粒の形も食べやすく工夫しています。

旧商品の成分表にあった抗ストレス成分のトリプトファンがなくなったのが残念です。

原材料

トリ肉（チキン、ターキー）、小麦、トウモロコシ、コーングルテン、動物性油脂、米、チキンエキス、魚油、亜麻仁、植物性油脂、ミネラル類（カルシウム、ナトリウム、カリウム、クロライド、銅、鉄、マンガン、セレン、亜鉛、ヨウ素）、乳酸、ビタミン類（A、B_1、B_2、B_6、B_{12}、C、D_3、E、ベータカロテン、ナイアシン、パントテン酸、葉酸、ビオチン、コリン）、アミノ酸類（タウリン、メチオニン、リジン）、カルニチン、酸化防止剤（ミックストコフェロール、ローズマリー抽出物、緑茶抽出物）

原産国／オランダ

日清ペットフード

jpスタイル 和の究み

11歳から ケアを始めたい高齢猫用 うまみかつお味

総合栄養食

△

お金がかけられないときに

猫の老化に備えて、毛玉・結石・腎不全・関節・胃腸機能へのサポートが強化されているのが特徴です。

主原料が穀類、肉類はミール系ですが、日清ペットフードの製品群の中ではハイエンド。乳酸菌とオリゴ糖を配合し、腸内環境に配慮。合成着色料と合成保存料を避けており、予算がないときに選ぶにはよい製品でしょう。

原材料

穀類（小麦全粒粉、とうもろこし、中白糠、コーングルテンミール、ホミニーフィード、小麦粉、脱脂米糠）、肉類（ミートミール、チキンミール）、でんぷん、油脂類（動物性油脂、フィッシュオイル）、魚介類（削り節ミール、フィッシュパウダー、まぐろ節、かつおパウダー）、ビール酵母、ビートパルプ、粉末セルロース、オリゴ糖、ミルクカルシウム、β−グルカン、ユッカ抽出物、フィッシュコラーゲン、乳酸菌末（エンテロコッカス・フェカリス）、ミネラル類（カルシウム、リン、カリウム、ナトリウム、塩素、鉄、銅、マンガン、亜鉛、ヨウ素）、アミノ酸類（メチオニン、タウリン）、ビタミン類（A、D、E、K、B1、B2、B6、B12、パントテン酸、ナイアシン、葉酸、コリン、イノシトール）、酸化防止剤（ローズマリー抽出物）

原産国／日本

ペットライン

メディファス 11歳から チキン味

天然由来の酸化防止剤だから安心

　老齢猫の健康を気づかい、関節を保護するグルコサミンや抗酸化力の一層の強化を狙ってビタミンB・Eを増量し、腎臓や心臓の働きを維持するためのナトリウムとリンの量を調整しています。酸化防止剤は天然由来の抽出物を使用しており、体に害はありません。
　他のラインナップと配合物は同じですが、栄養成分は老猫向けにバランスが調整されています。

総合栄養食

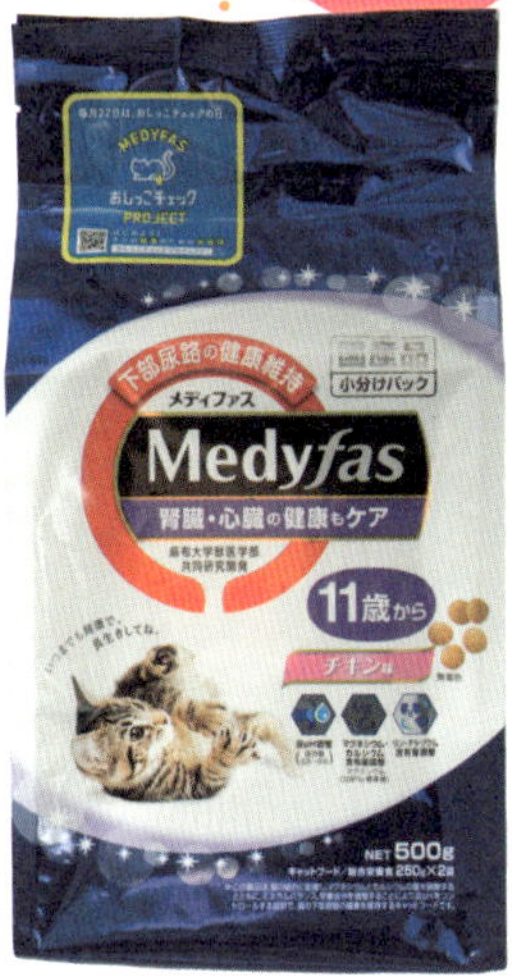

原材料

穀類（とうもろこし、コーングルテンミール）、肉類（ミートミール、チキンレバーパウダー）、油脂類（動物性油脂、ガンマ-リノレン酸）、豆類（おから）、魚介類（フィッシュミール：DHA・EPA源）、糖類（フラクトオリゴ糖）、卵類（ヨード卵粉末）、シャンピニオンエキス、グルコサミン、ビタミン類（A、D_3、E、K_3、B_1、B_2、パントテン酸、ナイアシン、B_6、葉酸、ビオチン、B_{12}、コリン、イノシトール）、ミネラル類（炭酸カルシウム、リン、ナトリウム、カリウム塩素、鉄、コバルト、銅、マンガン、亜鉛、ヨウ素、）、アミノ酸類（メチオニン、タウリン、トリプトファン）、酸化防止剤（ローズマリー抽出物、ミックストコフェロール）

原産国／日本

日本ペットフード

ビューティープロ

キャット　下部尿路の健康維持　11歳以上

添加物が少なく、問題のないフード

総合栄養食

原則として、猫は犬よりも肉食傾向が強いので主原料は肉類であるべきですが、老齢猫はタンパク質の摂取を控える必要があります。そのため、第一原料が穀類であることは許容範囲でしょう。さらに高齢用として15才以上版もあります。

廉価な原料で構成されていますが、添加物が最低限に抑えてあるのは評価できる点です。

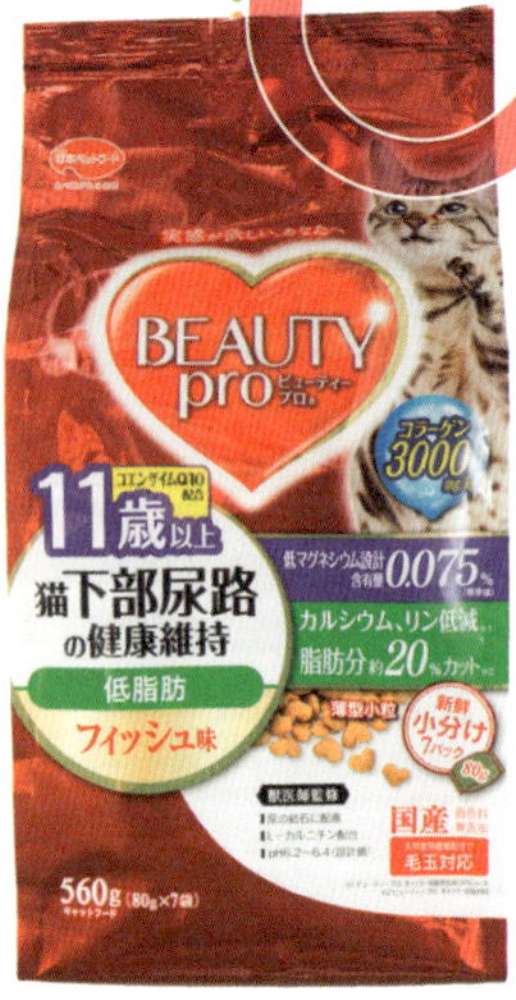

原材料

穀類（トウモロコシ、コーングルテンミール、パン粉、小麦粉）、肉類（牛肉粉、豚肉粉）、タピオカα化でん粉、油脂類（植物性油脂、動物性油脂、γ-リノレン酸）、魚介類（フィッシュパウダー、マリンコラーゲン）、オリゴ糖、L-カルニチン、GABA、コエンザイムQ10、ミネラル類（カルシウム、リン、カリウム、ナトリウム、クロライド、銅、亜鉛、ヨウ素）、pH調整剤、酵母細胞壁（食物繊維源）、ビタミン類（A、B_1、B_2、B_6、B_{12}、D、E、K、ニコチン酸、パントテン酸、葉酸、コリン）、アミノ酸類（タウリン、トリプトファン、メチオニン）、酸化防止剤（ミックストコフェロール、ローズマリー抽出物）、ヒアルロン酸

原産国／日本

ネスレ

ピュリナ ワン

優しく腎臓の健康サポート 11歳以上 チキン

腎疾患の治療のための療法食ではない

総合栄養食

標準品になかったカラメル色素がわざわざ追加されてるのは少し気がかり。2019年春に中高齢猫用に追加された「健康マルチケア」シリーズにはカラメル色素も入っていませんので、そちらを選んでもいいでしょう。

大きく腎臓サポートの文字が入っていますが、腎疾患の療法食ではないことが小さく記載されています。

原材料

チキン、チキンミール（グルコサミン源、コラーゲン源）、米、コーングルテン、脱脂大豆、牛脂、とうもろこし、大豆外皮、たんぱく加水分解物、大豆たんぱく、大麦、えんどう豆、にんじん、ミネラル類（カルシウム、リン、カリウム、ナトリウム、クロライド、鉄、銅、マンガン、亜鉛、ヨウ素、セレン）、ビタミン類（A、D、E、K、B_1、B_2、パントテン酸、ナイアシン、B_6、葉酸、ビオチン、B_{12}、コリン）、カラメル色素、アミノ酸類（タウリン、リジン）、酸化防止剤（ミックストコフェロール）

原産国／アメリカ

マースジャパン

シーバ　ドゥ　マルシェ

海の幸ディッシュ 11歳以上　まぐろ・鯛・サーモン味

総合栄養食

他商品を食べなくなるリスクが高い

おいしさで他の商品との差別化を狙ったシーバのドライフードは、クリーム入りがウリ。しかし、おいしいせいで他の総合栄養食を食べなくなるリスクがあるうえに、ＢＨＡやＢＨＴの合成酸化防止剤入りです。

肉はミールやエキス、副産物など上等ではないものを使用しており、品質は普及品と変わらないといえます。

原材料

肉類（チキンミール、チキンエキス、牛・羊副産物等）、とうもろこし、植物性タンパク、油脂類（鶏脂、牛脂）、大麦、家禽類、食物繊維（ビートパルプ、オリゴ糖）、米、小麦粉、酵母、マリーゴールド、野菜類（にんじん、いんげん、じゃがいも）、魚介類（まぐろエキス、サーモンエキス、たいエキス等）、ユッカ、ビタミン類（A、B1、B2、B6、B12、C、D3、E、コリン、ナイアシン、パントテン酸、ビオチン、葉酸）、ミネラル類（Ca、Cl、Cu、Fe、I、K、Mn、Na、Se、Zn）、アミノ酸類（タウリン、メチオニン）、着色料（青2、赤102、黄4）、酸化防止剤（ミックストコフェロール、ローズマリー抽出物、クエン酸、BHA、BHT）

原産国／オーストラリア

マースジャパン

カルカン　11歳から用　毛玉ケア　かつおとチキン味

総合栄養食

添加物を多数使用した廉価品の典型

「シニア猫の健康維持をサポート」と記載されており、グルコサミンやビタミンを配合して、リンの配合率を低くするなど調整しています。また、毛玉ケアのために食物繊維も配合されています。

ただし、合成着色料や合成保存料など、添加物がたくさん使用されており、典型的なドライフードの廉価品だといえます。

原材料

穀類（とうもろこし、小麦、米等）、肉類（チキンミール、チキンエキス等）、大豆、家禽類、油脂類（パーム油、大豆油等）、植物性タンパク、ビートパルプ、魚介類（かつおエキス、フィッシュエキス等）、グルコサミン、野菜類（ほうれん草、にんじん等）、ビタミン類（A、B_1、B_2、B_6、B_{12}、E、コリン、ナイアシン、パントテン酸、葉酸）、ミネラル類（亜鉛、カリウム、カルシウム、クロライド、セレン、鉄、銅、ナトリウム、マンガン、ヨウ素、リン）、アミノ酸類（タウリン、メチオニン）、酸化防止剤（クエン酸、BHA、BHT）、着色料（赤102、青2、黄4、黄5）、pH調整剤、保存料（ソルビン酸K）

原産国／タイ

ネスレ
ピュリナ　モンプチ
ボックス　15歳以上用
7種のブレンド　かつお節入り

食欲のない老猫用のジャンクフード

副食としても使えるように20gの小分けパックになっています。配合素材は廉価で、合成着色料が入っています。合成保存料は不使用。
15歳を超えて食欲の低下が目に見えてきた場合、本来食べてほしいフードの摂取量が十分でないときには、このようなジャンキーなフードを試すことがあります。

総合栄養食

原材料

穀類（コーングルテン、とうもろこし、小麦、米等）、肉類（チキンミール、ポークミール等）、豆類（大豆ミール）、動物性油脂、魚介類（かつお節、フィッシュパウダー（かつお、小魚））、たんぱく加水分解物、果実類（クランベリーパウダー）、ミネラル類（カルシウム、リン、カリウム、ナトリウム、クロライド、鉄、銅、マンガン、亜鉛、ヨウ素、セレン）、ビタミン類（A、D、E、K、B_1、B_2、パントテン酸、ナイアシン、B_6、葉酸、ビオチン、B_{12}、コリン）、アミノ酸類（タウリン）、着色料（食用赤色40号、食用青色1号、食用青色2号、食用黄色4号、食用黄色5号）、酸化防止剤（ミックストコフェロール）

原産国／アメリカ

いなばペットフード

CIAO とろみ

11歳からのささみ・まぐろ　ホタテ味

△

一般食

栄養バランスと添加物に疑問アリ

原材料は、すべて国産のものを使用しています。また、老齢猫が消化しやすいよう、とりささみ、まぐろを細かいフレークに加工し、排泄物のにおいをやわらげる緑茶消臭成分を配合しています。

ただ、「11歳からの」老齢猫の体を意識した栄養バランスがどの程度考えられているかが不明です。増粘多糖類や加工でん粉などの添加物の使用も不安です。

原材料

鶏肉（ささみ）、まぐろ、ほたてエキス、糖類（オリゴ糖等）、植物性油脂、増粘安定剤（加工でん粉、増粘多糖類）、ミネラル類、調味料（アミノ酸等）、ビタミンE、紅麹色素、緑茶エキス、カロテノイド色素

原産国／日本

ネスレ

ピュリナ　モンプチ
セレクション　缶
11歳以上用　かがやきサポート　チキンのやわらか煮込み

△

添加物が入った優先度の低いフード

総合栄養食

ポリリン酸ナトリウムや増粘多糖類を使用しているのが不安です。大量に摂取しなければ問題はありませんが、猫の体質によっては下痢につながることがあるので、便の様子をみて量を決めてください。

また、比較的安全な部類ではありますが、着色料として酸化チタンを使用しているのが気になるところです。

原材料

肉類（ポーク、チキン、ターキー）、魚介類（白身魚）、穀類（小麦たんぱく等）、豆類（大豆、大豆たんぱく）、アミノ酸類、ミネラル類、増粘多糖類、ポリリン酸 Na、着色料（酸化鉄、酸化チタン）、ビタミン類

原産国／アメリカ

日本ヒルズ・コルゲート

サイエンス・ダイエット

シニア　チキン　缶詰　高齢猫用　7歳以上

○

食べやすく栄養と水分の補給に

総合栄養食

質感はパテ状で、咀嚼嚥下しやすいように配慮されています。古株で信頼性の高いヒルズ社ですが、ウェットフードの嗜好性を維持するために増粘多糖類に頼ってしまっているのは残念です。旧製品では安全性の高いグアーガムでしたが今回は記述がなく不明です。

主食の食いつきが落ちてきた場合、これを混ぜるか、水を加えたものを飲ませれば、栄養と水分補給の補助になります。

原材料

チキン、ターキー、ポーク、コーンスターチ、コーングルテン、大豆、小麦、セルロース、チキンエキス、動物性油脂、米、魚油、酵母、ミネラル類、増粘多糖類、着色料（酸化チタン）、ビタミン類、アミノ酸類（タウリン、メチオニン）

原産国／アメリカ

マースジャパン

カルカン

まぐろ　8歳から

廉価レトルトパウチの典型

総合栄養食

△

年齢ごとに多数の味違いがラインナップされています。原材料は、肉と栄養添加剤、とろみ成分（増粘多糖類）＋酸化防止剤、発色剤。とくに発色剤は猫自身には無意味です。別メーカーの類似商品には無添加のものもあります。

高齢用には水分多めで多くの味違いがありますので、老齢による食欲不振のときは試してみてもいいでしょう。

原材料

魚介類（かつお、まぐろ等）、肉類（チキン、ビーフ）、植物性油脂、小麦、調味料（アミノ酸等）、ビタミン類（B_1、B_2、B_6、B_{12}、E、K、コリン、ナイアシン、パントテン酸、ビオチン、葉酸）、ミネラル類（Ca、Cl、Cu、Fe、I、K、Mg、Mn、Na、P、Zn）、タウリン、増粘多糖類、ポリリン酸Na、EDTA-Ca・Na、発色剤（亜硝酸Na）

原産国／タイ

アイシア

15歳頃からの黒缶パウチ しらす入りまぐろとかつお

食が進まないときに

このライフステージになると、成分の良さよりも食べるかどうかが重要です。たいていは腎臓の機能低下のために、何らかの食餌指示や投薬を受けていることが多いはずです。

療法食を食べてくれない場合は、このような味優先の市販品を混ぜながら使うのもやむを得ないでしょう。

△

総合栄養食

原材料

魚介類（マグロ、カツオ、しらす、フィッシュペプチド）、オリゴ糖、増粘多糖類、ミネラル類（Ca、Cu、Mn、Zn）、ビタミン類（A、E、K、B_1、B_2、葉酸、ビオチン）

原産国／タイ

ユニ・チャームペット

ねこ元気　総合栄養食

パウチ　15歳以上用　まぐろ入りかつお

△

総合栄養食

高齢猫向けの総合栄養食

高齢猫に合わせてビタミン、カリウム、オリゴ糖を添加してあります。比較的安全な部類ですが、着色料として二酸化チタンが入っています。また、増粘多糖類は入っているものの、他に問題になるものはありません。

食欲と飲水量が下がってきたときの補助として試してみていいでしょう。総合栄養食になっているので、他に食べられるものがないならだんだん比率を増やしてもいいです。

原材料

魚介類（かつお、まぐろ、フィッシュエキス等）、油脂類（大豆油、鶏脂、魚油）、肉類（チキン）、穀類（小麦グルテン）、豆類（大豆タンパク）、卵類（卵パウダー）、オリゴ糖、調味料、増粘多糖類、ミネラル類（Ca、Cl、Cu、Fe、I、K、Mn、Na、Se、Zn）、リン酸塩（Na）、ビタミン類（A、B_1、B_2、B_6、B_{12}、D、E、K、コリン、ナイアシン、パントテン酸、ビオチン、葉酸）、アミノ酸類（タウリン）、着色料（二酸化チタン）

原産国／タイ

ユニ・チャームペット

ねこ元気　総合栄養食

パウチ　15歳以上用　お魚ミックス まぐろ・白身魚・あじ入りかつお

△

ねこ元気15歳用のもう1つの味

総合栄養食

102ページの味違い商品です。ビタミンB、Eとカリウムが調整されています。主成分に特記すべきものはありませんが、添加物が気になります。

このシリーズには、子猫・大人・15才・20才・尿路・毛玉のバリエーションが販売されています。これらは、それぞれの段階に合わせて、微妙に成分が調整されています。

原材料

魚介類（かつお、まぐろ、白身魚、あじ、フィッシュエキス）、油脂類（大豆油、鶏脂、魚油）、肉類（チキン）、穀類（小麦グルテン）、豆類（大豆タンパク）、卵類（卵パウダー）、オリゴ糖、調味料、増粘多糖類、ミネラル類（Ca、Cl、Cu、Fe、I、K、Mn、Na、Se、Zn）、ビタミン類（A、B_1、B_2、B_6、B_{12}、D、E、K、コリン、ナイアシン、パントテン酸、ビオチン、葉酸）、リン酸塩（Na）、アミノ酸類（タウリン）、着色料（二酸化チタン）

原産国／タイ

マースジャパン

カルカン
11歳から　しらす入りまぐろ

食いつきのよい味を選べる

8・11・15・18才用にそれぞれ数種類の味違いのバリエーションを用意してあります。本人の好みに合わせて試せるのはメリットでしょう。

食欲の低下に対応するため、味違いのラインナップが多数用意されています。しかし同じような他社製品より添加物が多いため、猫がこれしか食べてくれないのでなければ、選択の順番は後回しにしたほうがいいです。

総合栄養食

△

原材料

魚介類(かつお、まぐろ、しらす等)、肉類(チキン、ビーフ)、植物性油脂、小麦、調味料(アミノ酸等)、ビタミン類(B_1、B_2、B_6、B_{12}、E、K、コリン、ナイアシン、パントテン酸、ビオチン、葉酸)、ミネラル類(Ca、Cl、Cu、Fe、I、K、Mg、Mn、Na、P、Zn)、タウリン、増粘多糖類、ポリリン酸Na、EDTA-Ca・Na、発色剤(亜硝酸Na)

原産国／タイ

アイシア

健康缶パウチ

シニア猫用　腸内環境ケア

ペースト仕立てで老猫に配慮

一般食

腎臓サポート機能を軸に、付加要素で結石・腸・エイジング・皮膚被毛・毛玉・関節・目の輝き・脳機能の8種類のバリエーションがあります。味はすべてマグロです。

とくに、この健康缶シリーズはペースト仕立てなので噛む力のない猫でもなめさせて与えたり、ポンプで強制給餌したりできます。

市販ではこのような製品が少ないので、重宝することがあります。

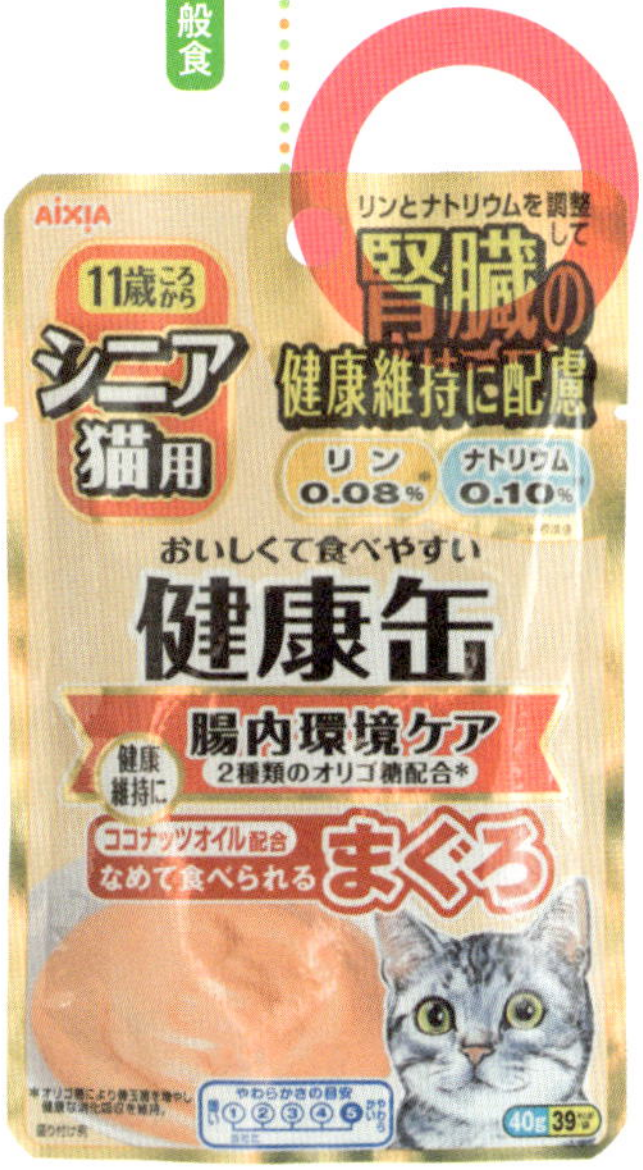

原材料

マグロ、油脂類（動物性油脂、ひまわり油、DHA・EPA含有精製魚油、ココナッツオイル）、たんぱく加水分解物、オリゴ糖（フラクトオリゴ糖、ラクトスクロース）、増粘安定剤（加工でん粉、※増粘多糖類）、ビタミン類（A、D、E、K、B_1、B_2、B_6、B_{12}、ナイアシン、パントテン酸、葉酸、コリン）、（原材料に食物繊維を含む）

原産国／タイ

ペットライン
キャネット メルミル
11歳から　まぐろ

老齢猫に食べやすいクリーム状フード

総合栄養食

クリーム状になった老齢猫用フード。若い猫用のフードは競って成分の高級化をしていますが、老猫用は食欲の維持が最優先のため添加物や素材の厳選に凝った製品がありません。

増粘多糖類は猫と相性が悪いとおなかが緩くなる場合がありますが、高齢で食が細い猫はとにかく食べて血肉を補うことが重要。便に悪影響が見られなければ、このような柔らかくて食感のいいフードを活用してください。

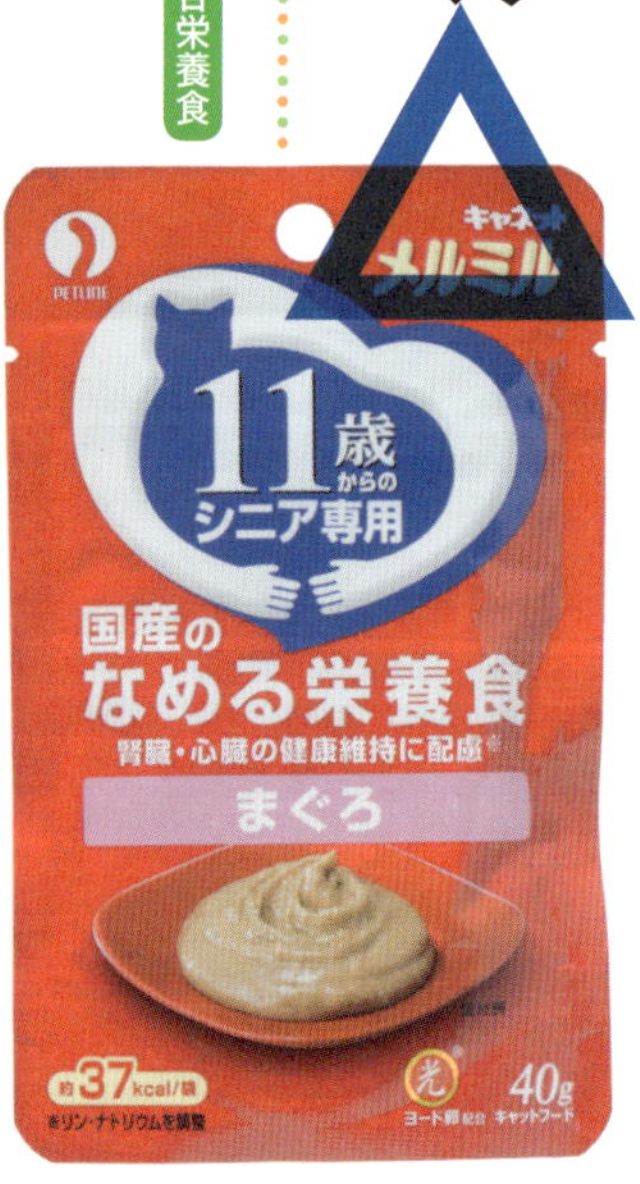

原材料

まぐろ、大豆油、コーンスターチ、ぶどう糖、魚油、酵母エキス、まぐろ節、野菜粉末、ヨード卵粉末、ビタミン類（A、D_3、E、K_3、B_1、B_2、パントテン酸、ナイアシン、B_6、葉酸、ビオチン、B_{12}、コリン）、ミネラル類（カルシウム、リン、ナトリウム、カリウム、塩素、鉄、銅、マンガン、亜鉛、ヨウ素）、タウリン、増粘多糖類

原産国／日本

ユニ・チャームペット

銀のスプーン　三ツ星グルメ
15歳が近づく頃から　ジュレ
まぐろ・かつおにささみ添え

足りない栄養素は別のもので補完するべき

一般食

同社の廉価フード「銀のスプーン」の上位版が三ツ星グルメです。ドライは総合栄養食ですが、ウェットは一般食なので注意してください。発色剤不使用で、高齢猫用にはビタミンやカリウムを追加。

高齢猫の食欲不振のサポート製品ですが、このような一般食を与える場合、何らかの方法で他の栄養素も補ってください。

原材料

魚介類（まぐろ、かつお、フィッシュエキス）、ささみ、オリゴ糖、調味料、加工デンプン、増粘多糖類、ビタミン類（B1、B2、B6、B12、E）、塩化カリウム

原産国／タイ

マースジャパン

シーバ　アミューズ

18歳以上　贅沢シーフードスープ
蟹かま、サーモン添え

△

水分補給サポートには良い

一般食

公式サイトには成分表が見当たらず、魚介の旨い贅沢なスープだと書かれています。通常版、15才、18才用の3つで、2、3種類の味違いがあります。

具は少なく大半がとろみのついたスープで、栄養補給としてではなく、水分摂取を増やすためのものと考えましょう。飲んでくれるなら少し薄めて与えてもいいです。

原材料

魚類（かつお、サーモン等）、蟹かま、野菜類（にんじん）、かつお節、フラクトオリゴ糖、増粘安定剤（加工デンプン、増粘多糖類）、調味料（アミノ酸等）、ビタミンE、タウリン、トマト色素、パプリカ色素

原産国／タイ

カラーズ

クックンラブ

猫用シニア　鶏肉

モリンガの吸収作用は不明確

一般食

栄養バランスについての記述がなく、オーガニック自然派料理のようなフード。食欲のない猫に、副食として与えてみてもよいでしょう。

高栄養の植物「モリンガ」が、どの程度粉砕されており、体に吸収されるのかは不明です。効能を期待するなら、通販で売られているモリンガの単体粉末を人間用の1／20量程度フードに振りかけてみてもよいでしょう。

原材料

鶏肉、チキンスープ、鶏レバー、鶏卵、モリンガ、白米、かぼちゃ、トマト、ひまわり油、グリーンナッツオイル、ホタテ貝柱、ビール酵母、卵殻、酢

原産国／日本

ペットライン

メディファス

子ねこ　12ヶ月まで　チキン味

気がかりなしの標準プレミアムフード

総合栄養食

標準的なプレミアムフードです。主原料が穀類である点が気になりますが、とくに気になる成分や添加物は見当たりません。

コストを抑えるために穀類主体、肉はミール系。それ以外の部分は品質の向上に努めています。子猫用としての変更点はありません。予算の都合で高級品が買えないときにおすすめです。

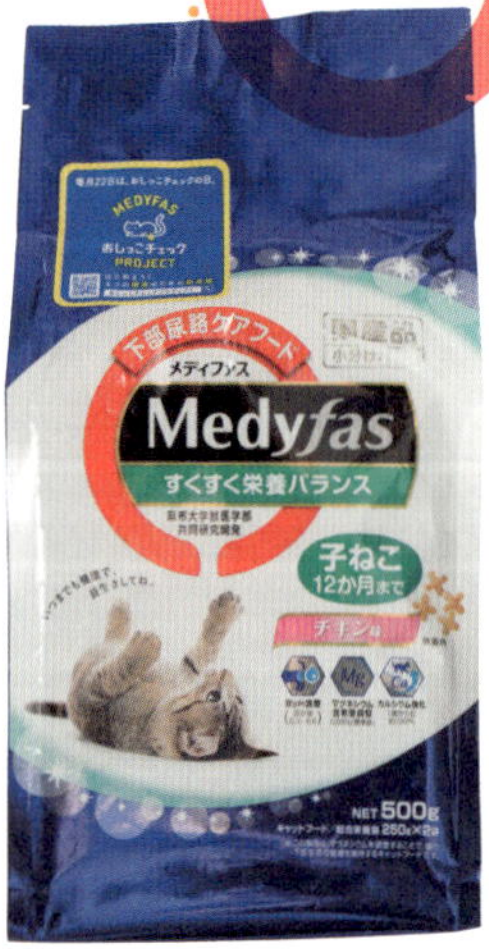

原材料

穀類（とうもろこし、コーングルテンミール）、肉類（ミートミール、チキンミール、チキンレバーパウダー）、豆類（おから）、油脂類（動物性油脂、ガンマ-リノレン酸）、魚介類（フィッシュミール：DHA・EPA源）、糖類（フラクトオリゴ糖）、卵類（ヨード卵粉末）、シャンピニオンエキス、ビタミン類（A、D_3、E、K_3、B_1、B_2、パントテン酸、ナイアシン、B_6、葉酸、ビオチン、B_{12}、塩化コリン、イノシトール）、ミネラル類（カルシウム、リン、ナトリウム、カリウム、塩素、鉄、コバルト、マンガン、銅、亜鉛、ヨウ素）、アミノ酸類（メチオニン、タウリン、トリプトファン）、酸化防止剤（ローズマリー抽出物、ミックストコフェロール）

原産国／日本

ネスレ

ピュリナ　ワン

1歳まで　子ねこ用　妊娠・授乳期の母猫用　チキン

栄養バランスのよいプレミアムフード

総合栄養食

原材料に問題点は見当たらず、成分のバランスもとれています。香料無添加で、余計な添加物が入っていないプレミアムフードです。

カラメル色素が入っていますが、子猫でいる短い期間に与えるだけなら問題ありません。価格とコンセプトが同じような商品があって迷ったら、安心できるこの製品を選ぶとよいでしょう。

原材料

チキン、チキンミール、コーングルテン、米、脱脂大豆ミール、油脂類（牛脂、大豆たんぱく）、チキンパウダー、とうもろこし、たんぱく加水分解物、魚油（DHA源）、えんどう豆、にんじん、ミネラル類（カルシウム、リン、カリウム、ナトリウム、クロライド、鉄、銅、マンガン、亜鉛、ヨウ素、セレン）、アミノ酸類（リジン、タウリン、メチオニン）、カラメル色素、ビタミン類（A、D、E、B_1、B_2、パントテン酸、ナイアシン、B_6、葉酸、B_{12}、コリン、K、ビオチン）、酸化防止剤（ミックストコフェロール）

原産国／アメリカ

マースジャパン

シーバ デュオ

12ヶ月までの子ねこ用 香りのまぐろ味セレクション

おいしさ重視のぜいたく品

20g×10袋で4種類の味が入っています。外はカリカリ、中はクリーミーと、美味しさを求めた商品です。主成分は肉類なものの、他はミールと副産物が占めており、合成着色料と合成保存料が使用されています。

拾ったばかりの食欲のない子猫に試すならいいですが、子猫のころからこれを常食にしてグルメ化させるのはよくないです。

総合栄養食

×

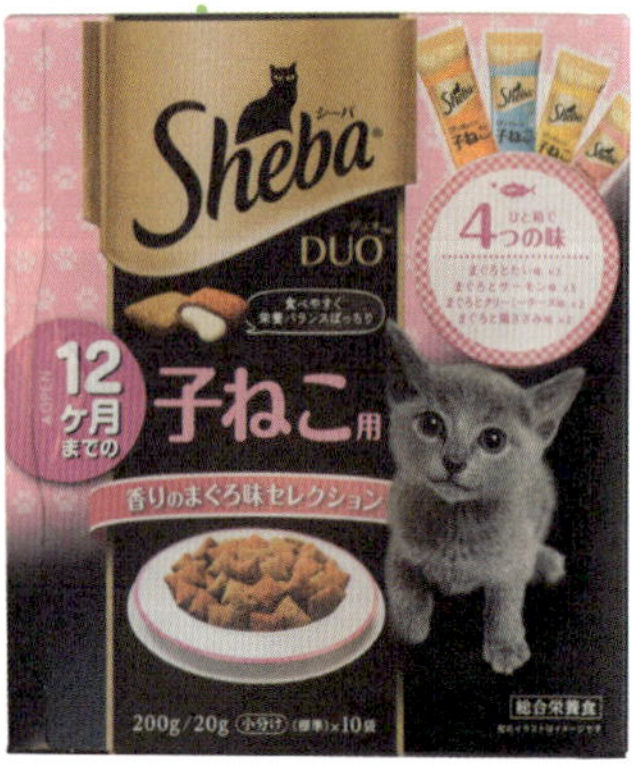

原材料

肉類（チキンミール、家禽ミール、牛・羊副産物、チキンエキス、ささみエキス等）、穀類（とうもろこし、米、小麦等）、油脂類、酵母、ビートパルプ、魚介類（まぐろエキス、たいエキス、サーモンエキス等）、野菜類（にんじん、じゃがいも、いんげん）、チーズパウダー、ビタミン類（A、B_1、B_2、B_6、B_{12}、C、D_3、E、コリン、ナイアシン、パントテン酸、ビオチン、葉酸）、ミネラル類（Ca、Cl、Cu、I、K、Mg、Mn、Na、Se、Zn）、アミノ酸類（タウリン、ヒスチジン、メチオニン）、着色料（カラメル、青2、赤102、黄4）、酸化防止剤（BHA、BHT、クエン酸）

原産国／タイ

ロイヤルカナン

FHN キトン

成長後期の子猫用

合成保存料の使用だけが気がかり

総合栄養食

主原料と成分には問題はありません。ただ、ロイヤルカナンの傾向として、合成保存料の危険にルーズで、これにもBHAと没食子酸プロピルが添加されています。

安全な用量を配合しているのでしょうが、同じグレードの他の商品が販売店の棚にあって、そちらが保存料にも気をつかっているのであれば、やはり気になるポイントと言えます。

原材料

肉類（鶏、七面鳥）、米、植物性分離タンパク*、動物性脂肪、とうもろこし粉、加水分解タンパク（鶏、七面鳥）、小麦粉、コーングルテン、酵母および酵母エキス（マンナンオリゴ糖及びβ-グルカン源）、ビートパルプ、植物性繊維、魚油（EPA/DHA源）、大豆油、フラクトオリゴ糖、サイリウム、マリーゴールド抽出物（ルテイン源）、アミノ酸類（L-リジン、タウリン、DL-メチオニン、L-カルニチン）、ゼオライト、β-カロテン、ミネラル類（K、Cl、P、Mg、Ca、Zn、Mn、Fe、Cu、I、Se）、ビタミン類（A、コリン、D_3、E、C、ナイアシン、パントテン酸カルシウム、B_2、B_6、B_1、葉酸、ビオチン、B_{12}）、酸化防止剤（BHA、没食子酸プロピル）

*超高消化性タンパク（消化率90%以上）

原産国／フランス

獣医さんに聞いてみよう!

今日からはじめる肥満対策

見た目でわかる肥満だけでなく、隠れ肥満の猫も!? 肥満猫にさせない食事と運動の管理について紹介します。

猫は適正体重を20%超えると、肥満だといわれています。昨今、飼い猫の3割が肥満猫とのこと。肥満は、関節炎や心臓病、糖尿病などのさまざまな病気を引き起こす危険性があります。

肥満度をチェックする

1～2週間に一度は体重測定しましょう。体重測定には、電子式の吊り下げ秤がおすすめ。通販サイトで1000円弱で購入できます。洗濯ネットに猫を入れてぶら下げると、5g単位で細かく量れます。

また、年に1回は健康診断を受けさせて、肥満を含め、健康状態のチェックをしてください。もし、肥満と診断された場合は、動物病院の指導のもと、ダイエットをはじめましょう。

食事の与え方に注意

食事を与えるときは、まず1日分のフードを量り、それを2~3等分して与えるようにします。目分量で与えると、適量よりも多くなりがちになるので、きちんと量るようにしましょう。

おやつはできるだけ与えないほうがよいですが、与えるのなら1日分のドライフードのなかから何粒かをおやつとして与えましょう。

また、人間の食事を与えるのはNG。食事をしているとき、飼い猫が人の食べ物を欲しがったら、おやつがわりの猫用のフードを与えるようにしてください。

毎日適度な運動を

室内飼育の猫は、運動量を増やす必要があります。じゃらし棒など、猫が興味を示しそうなおもちゃで遊び相手になりましょう。遊び時間は1日15分ほどで十分。呼吸数が多くなれば、"いい運動"のサインなので、それを目安に遊びを終了してください。

また、家具を階段のように並べたり、市販のキャットタワーを置いたりして、猫が自由に上り下りの運動をできるようにしておくのもよいでしょう。

マースジャパン

カルカン

12ヶ月までの子ねこ用 かつおと野菜味　ミルク粒入り

添加物が多すぎ

旧版に比べると、チキンがチキンミールにダウングレードされてしまいました。かつおもカツオエキスになってしまい、全体的にみて評価するポイントを失ったただの廉価フードになりました。

合成着色料と合成保存料も入っているので、よほど食べなくて困ったとき以外は選択肢に入りづらい商品と言えます。

総合栄養食

原材料

穀類（とうもろこし、米、小麦等）、肉類（チキンミール、チキンエキス等）、油脂類（パーム油、大豆油等）、大豆、魚介類（かつおエキス、フィッシュエキス等）、植物性タンパク、食物繊維（ビートパルプ、オリゴ糖）、家禽類、野菜類（ほうれん草、にんじん等）、ミルクパウダー、ビタミン類（A、B_1、B_2、B_6、B_{12}、E、コリン、ナイアシン、パントテン酸、葉酸）、ミネラル類（亜鉛、カリウム、カルシウム、クロライド、セレン、鉄、銅、ナトリウム、マンガン、ヨウ素、リン）、アミノ酸類（タウリン、メチオニン）、酸化防止剤（クエン酸、BHA、BHT）、着色料（赤102、青2、黄4、黄5）

原産国／タイ

日本ヒルズ・コルゲート

サイエンス・ダイエット 子ねこ用～12ヶ月 妊娠・授乳期 チキン

◎

余分な成分のない定番フード

総合栄養食

21ページに掲載されている成猫用と同様、定番のプレミアムフードといえます。この製品も基本に忠実で、余分なものが含まれていないため、安心です。

酸化防止剤には、ローズマリーなどの自然抽出物が使われているので、問題はありません。ハイプレミアムクラスの商品には子猫用がないため、実際には本商品くらいのものが、子猫用の高品質フードの上限になります。

原材料

トリ肉（チキン、ターキー）、トウモロコシ、動物性油脂、ポークエキス、魚油、ビートパルプ、亜麻仁、植物性油脂、セルロース、米、ミネラル類（カルシウム、リン、ナトリウム、カリウム、クロライド、マグネシウム、銅、鉄、マンガン、セレン、亜鉛、ヨウ素）、乳酸、アミノ酸類（タウリン、トリプトファン、メチオニン、リジン）、ビタミン類（A、B_1、B_2、B_6、B_{12}、C、D_3、E、ベータカロテン、ナイアシン、パントテン酸、葉酸、ビオチン、コリン）、酸化防止剤（ミックストコフェロール、ローズマリー抽出物、緑茶抽出物）

原産国／チェコ

日本ペットフード

ビューティープロ キャット

子猫用　12ヵ月頃まで

△

総合栄養食

廉価原料の製品だが危険な添加物はなし

穀類が多く、肉類も粉やミールによる配合なのが気になります。けれども、余計な添加物は入っていません。

手頃な価格帯の製品が多い同メーカーが、高級志向で展開した商品といえるでしょう。ハイプレミアム製品とは言いがたいですが、店舗でほかに添加物入りの廉価なフードしか置かれていない場合は、この製品を選んでもいいでしょう。

原材料

穀類（トウモロコシ、コーングルテンミール、小麦粉、パン粉）、肉類（牛肉粉、チキンミール）、油脂類（動物性油脂、植物性油脂）、魚介類（フィッシュパウダー、マリンコラーゲン）、ビール酵母（β - グルカン源）、オリゴ糖、海藻粉末（DHA 源）、GABA、ミネラル類（カルシウム、リン、カリウム、ナトリウム、クロライド、銅、亜鉛、ヨウ素）、ｐH調整剤、ビタミン類（A、B_1、B_2、B_6、B_{12}、D、E、K、ニコチン酸、パントテン酸、葉酸、コリン）、アミノ酸類（タウリン、トリプトファン、メチオニン）、酸化防止剤（ミックストコフェロール、ローズマリー抽出物）、ヒアルロン酸

原産国／日本

マースジャパン

ニュートロ ナチュラルチョイス

室内猫用 キトン チキン 生後12ヶ月まで

高品質な肉を使用した子猫用フード

総合栄養食

子猫用の中ではサイエンスダイエットシリーズと並んで良質でしたが、原材料のマイナーチェンジにより、生肉表記がただのチキンとチキンミールになりました。

公式サイト上では「ミート　ファースト™」を掲げており、高品質のチキンを使用しているという特徴は継承されているようです。

原材料

チキン（肉）、チキンミール、エンドウタンパク、鶏脂＊、粗挽き米、玄米、ポテトタンパク、ビートパルプ、オートミール、サーモンミール、タンパク加水分解物、アルファルファミール、大豆油＊、フィッシュオイル＊、ユッカ抽出物、ビタミン類（A、B_1、B_2、B_6、B_{12}、C、D_3、E、コリン、ナイアシン、パントテン酸、ビオチン、葉酸）、ミネラル類（カリウム、クロライド、セレン、ナトリウム、マンガン、ヨウ素、亜鉛、鉄、銅）、アミノ酸類（タウリン、メチオニン）、酸化防止剤（クエン酸、ミックストコフェロール、ローズマリー抽出物）

＊ミックストコフェロールで保存

原産国／アメリカ

ロイヤルカナン

FHN マザー&ベビーキャット 成長前期の子猫用

○

子猫だけでなく、母猫にも与えられる

総合栄養食

ロイヤルカナンは添加物に寛大な傾向なので、このウェットフードも食欲優先で増粘多糖類が配合されています。できれば使用は避けたいのですが、大きな危険をもつ成分ではないうえ、子猫の排便が安定しているようであれば与える期間も数カ月程度なので許容範囲と考えます。

「授乳期の母猫にもいい」とあり、産前産後や、病中病後の消耗対策としても使えます。

原材料

肉類、コーンスターチ、カゼインカルシウム、セルロース、小麦グルテン、魚油、ひまわり油、酵母抽出物（マンナンオリゴ糖源）、調味料（アミノ酸等）、ルテイン、アミノ酸類、増粘安定剤（増粘多糖類）、ミネラル類、ビタミン類

原産国／オーストラリア

ネスレ

ピュリナ　モンプチ

1歳まで　子ねこ用　なめらか白身魚　ツナ入り

○

子猫用にすり潰されたペースト缶

総合栄養食

1歳までの子猫用の総合栄養食。白身魚とツナを前面に出した商品名になっていますが、主原料は豚肉で、第二原料が魚介類です。ビーフ味もありますが、合成着色料が入っているのでこちらにしましょう。この製品に入っている酸化チタンは、比較的安全な着色料です。増粘安定剤のグアーガムは天然由来で、害はありません。

原材料

肉類（ポーク）、魚介類（サーディン、白身魚（たら他）、ツナ）、乳類（ミルクパウダー）、ミネラル類、増粘安定剤（グアーガム）、着色料（酸化チタン）、ビタミン類

原産国／アメリカ

獣医さんに聞いてみよう!

猫に与えてはいけない食べ物

人間が口にする食べ物のなかには、猫に与えてはいけない食べ物があります。猫には区別がつかないので、うっかり与えないように注意しましょう。

ネギ類

タマネギ、長ネギ、ニラ、ニンニクなどのネギ類は、血液中の赤血球を破壊して、溶血性貧血などを起こすことがあります。

輸血の準備や手配が必要な場合もあるので、ネギ類(ネギのエキスも含む)を食べたとわかった段階で動物病院に報告しましょう。

●症状:血色素尿、衰弱、胃腸障害など

鶏や鯛などの骨

鶏の骨を誤って飲み込むと、骨が胃や腸などを傷つけるおそれがあります。鯛の骨も硬いので注意が必要です。食べたときは、すぐに動物病院で診察を受けてください。

●症状:嘔吐、胃腸障害など

カカオ類

チョコレートやココアなどのカカオ類に含まれるテオブロミンは、中枢神経に働き、毒素となります。カカオを多く含むチョコレートはとくに危険。死に至る場合もあります。

●症状：嘔吐、不整脈、痙攣《けいれん》など

生のイカ、貝類

生のイカにはチアミナーゼが含まれているので、食べるとビタミンB1が欠乏することがあります。火が通っていれば問題ないといわれていますが、大量に与えるのは控えましょう。

●症状：嘔吐、食欲不振など

貝類はフードに配合されているレベルでは問題ありませんが、漁港などで貝をたくさん食べている外飼い猫では時に光線過敏症を起こすことがあります。

●症状：頭部の激しい皮膚炎と壊死

レーズン、ぶどう

腎毒性があり、重度の場合は腎不全から死に至ることもあります。

●症状：下痢、腹痛、重度の場合は腎不全

ミネラルウォーター

余剰にミネラルを摂取すると、尿中に結石が析出《せきしゅつ》しやすくなります。ミネラルウォーターは、硬水でなく軟水を与えましょう。

●症状：下痢、猫泌尿器症候群

ネスレ

ピュリナ　フィリックス　やわらかグリル

子ねこ用　1歳まで　ゼリー仕立て　チキン

総合栄養食

問題点はないが価格が安すぎて心配

これといった大きな特徴はありません。二酸化チタンと増粘多糖類が入っている点が少し気になりますが、それ以外には問題点のない典型的な廉価フードです。

ただし、ネット通販なら、1袋60円しないことから、全体的に上等な材料を使っているとはいえないでしょう。

原材料

肉類（チキン、ビーフ、家禽ミール等）、穀類（小麦グルテン等）、魚介類（いわし）、セルロース、糖類（ぶどう糖、シュガーシロップ）、ミネラル類（Ca、P、K、Na、Cl、Mg、Fe、Cu、Mn、Zn、I）、ビタミン類（A、D、E、K、B_1、B_2、パントテン酸、ナイアシン、B_6、葉酸、ビオチン、B_{12}、コリン）、アミノ酸類（タウリン）、増粘多糖類、着色料（酸化チタン）

原産国／オーストラリア

マースジャパン

カルカン

離乳～12ヶ月までの子ねこ用　まぐろ　ゼリー仕立て

△

総合栄養食

添加物多めの子猫フード

100・104ページで紹介されているフードの子猫向けのものです。

発色剤に使われている亜硝酸ナトリウムは、問題にならない程度の量が添加されています。

ただ、本商品と類似した商品のなかには発色剤が入っていないフードもあります。安全性が高いものだったとしても、成分として入っていないに越したことはないといえます。

原材料

魚介類(かつお、まぐろ等)、肉類(チキン、ビーフ)、植物性油脂、小麦、調味料(アミノ酸等)、ビタミン類(B_1、B_2、B_6、B_{12} E、K、コリン、ナイアシン、パントテン酸、ビオチン、葉酸)、ミネラル類(Ca、Cl、Cu、Fe、I、K、Mg、Mn、Na、P、Zn)、タウリン、増粘多糖類、ポリリン酸Na、EDTA-Ca・Na、発色剤(亜硝酸Na)

原産国／タイ

日本ヒルズ・コルゲート

プリスクリプション・ダイエット 消化・体重の管理

猫用 w／d ダブリューディー ドライ

肥満対策に獣医の指導で与えるフード 療法食

結石や肥満、糖尿病、大食漢の猫に対応するためのフードです。分量や与えるサイクルなどについては、疾患の状況をもとに獣医が判断して指示するので、それにしたがって与えましょう。現代人と同じでペットも不健康な肥満が問題になっており、肥満対策の処方食から最適なものを選んでもらってください。

原材料

トリ肉（チキン、ターキー）、トウモロコシ、コーングルテン、セルロース、米、チキンエキス、動物性油脂、植物性油脂、小麦、ミネラル類（カルシウム、リン、ナトリウム、カリウム、クロライド、銅、鉄、マンガン、セレン、亜鉛、イオウ、ヨウ素）、乳酸、ビタミン類（A、B_1、B_2、B_6、B_{12}、C、D_3、E、ベータカロテン、ナイアシン、パントテン酸、葉酸、ビオチン、コリン）、アミノ酸類（タウリン）、カルニチン、酸化防止剤（ミックストコフェロール、ローズマリー抽出物、緑茶抽出物）

原産国／チェコ

日本ヒルズ・コルゲート

プリスクリプション・ダイエット 尿ケア

猫用 c/d マルチケアフィッシュ入り ドライ

療法食

獣医と相談して与える結石用療法食

結石のしつこさ、種類によって同様のフードのなかから獣医と相談して決めます。

多頭飼いの何頭かが結石になってしまい個別のメニュー管理が難しいとき、やむを得ずこれで統一することもありますが、原則として、とくに尿に異常のない猫に対して検査せずに与えるフードではないので注意しましょう。

※ 2016年3月から、2kgのみの販売になります。

原材料

米、トリ肉（チキン、ターキー）、コーングルテン、動物性油脂、フィッシュ、植物性油脂、チキンエキス、魚油、亜麻仁、ミネラル類（カルシウム、ナトリウム、カリウム、クロライド、銅、鉄、マンガン、亜鉛、ヨウ素）、乳酸、ビタミン類（A、B_1、B_2、B_6、B_{12}、D_3、E、ベータカロテン、ナイアシン、パントテン酸、葉酸、ビオチン、コリン）、アミノ酸類（タウリン、トリプトファン、メチオニン）、酸化防止剤（ミックストコフェロール、ローズマリー抽出物、緑茶抽出物）

原産国／オランダ

ロイヤルカナン

ユリナリー S/O

食いつきに定評あり結石に細かく対応

療法食

猫の結石に対応した療法食のラインナップがもっとも細かいメーカーの商品です。最近は他社も追随してきましたが、猫の食いつきの点では依然評価が高いようです。

ロイヤルカナンはアジア向けのペットフードを順次韓国産に切り替えており、カタログ上は同じ成分でも、産地が変わると味も変わることがあります。食いつきが悪化したと思ったら変えてみてもいいでしょう。

原材料

米、超高消化性小麦タンパク（消化率90%以上）、肉類（鶏、七面鳥、ダック）、コーンフラワー、動物性油脂、加水分解タンパク（鶏、七面鳥）、植物性繊維、コーングルテン、魚油、大豆油、フラクトオリゴ糖、マリーゴールドエキス（ルテイン源）、小麦粉、アミノ酸類（DL-メチオニン、L-リジン、タウリン）、ミネラル類（Cl、Na、K、Ca、P、Zn、Mn、Fe、Cu、Se、I）、ビタミン類（コリン、E、A、ナイアシン、ビオチン、葉酸、B_2、パントテン酸カルシウム、B_6、B_1、D_3、B_{12}）、酸化防止剤（BHA、没食子酸プロピル）

原産国／韓国

ロイヤルカナン

腎臓サポート
ウェット　パウチ

腎不全の猫用のおいしい療法食

腎不全に陥った猫用の療法食の中では比較的おいしい部類に入ります。しかし病状が進むと食べてもらえなくなることも多いです。

猫の血液検査の結果や全身の状態、食欲の程度によって獣医が量を指示するので、飼い主が適当に与える製品ではありません。

食欲がない末期には、あえておいしい一般市販のフードを与えることで、カロリー補給を優先することもあります。

療法食

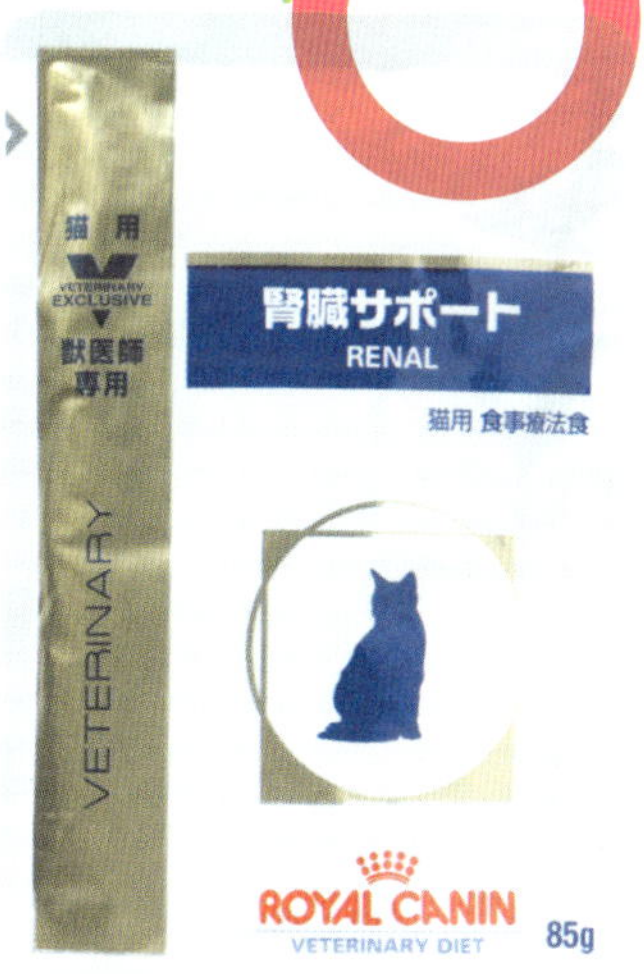

原材料

鶏肉、鶏レバー、豚レバー、小麦粉、サンフラワーオイル、コーンフラワー、豚タンパク、セルロース、魚油、フラクトオリゴ糖(FOS)、糖類、マリーゴールドミール（ルテイン源）、調味料（アミノ酸等）、アミノ酸類（グリシン、メチオニン、タウリン）、ゼオライト、ミネラル類（Ca、K、Zn、I、Cu、Fe、Mn、Cl、Na、Mg）、ビタミン類（コリン、D_3、E、B_1、C、ナイアシン、B_2、パントテン酸カルシウム、B_6、葉酸、ビオチン、B_{12}）、増粘多糖類

原産国／オーストリア

アニモンダ

インテグラプロテクト

ドライフード　胃腸ケア

ドイツの高級メーカーアニモンダによる療法食

療法食

旧製品に比べると、原材料を厳選して添加物を入れない方向性はそのまま。ものによってはグレインフリーのものもあります。この「胃腸ケア」は穀類としてコーンと米が入っています。

日本でこれを普段から処方する獣医はあまりいないと思いますが、既存の同目的処方食でうまくいかないときは試してみてもいいでしょう。ただし値段は高いです。

原材料

鳥肉粉（低灰分）、ライス、コーン、鳥タンパクハイドロール、鳥脂肪、牛脂、ビートパルプ、鳥レバー、サーモンオイル、卵（乾燥）、塩化ナトリウム、フラクトオリゴ糖、マンナンオリゴ糖、ビタミンA、ビタミンD_3、ミネラル（マンガン、銅、亜鉛、ヨウ素）

原産国／ドイツ

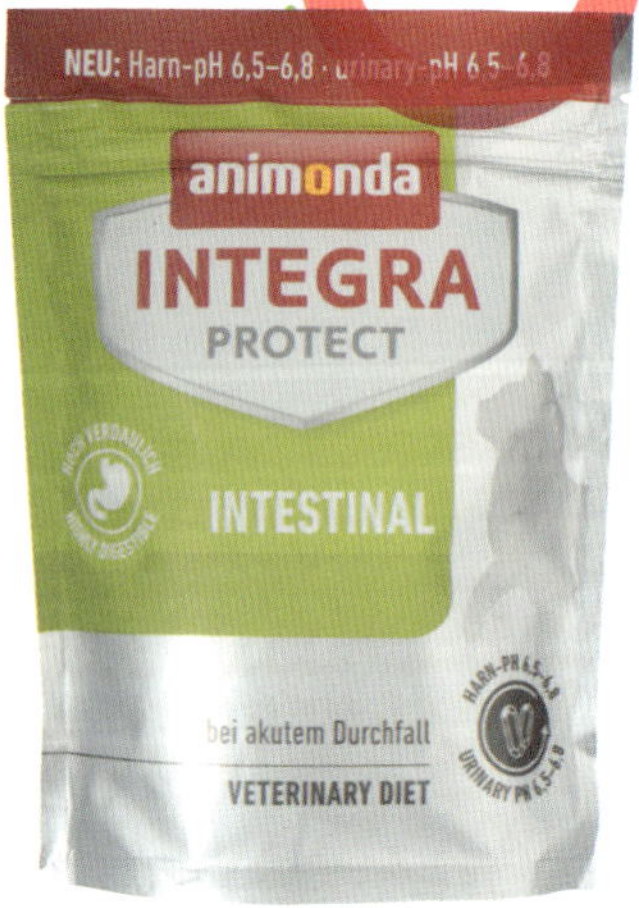

デビフペット

カロリーエースプラス

猫用流動食

固形物を摂れない猫用のペットミルク

総合栄養食

固形物を摂るのが難しい猫に与えるため、総合栄養食として強化されたミルク。離乳期や消耗時、咀嚼《そしゃく》嚥下《えんげ》に問題があるときに、シリンジ（注射器の筒の部分）で口に少しずつ入れてやります。

開封後に放置すると金属酸化が進むので、別容器に保存します。

代用品として、粉ミルクを与えてもいいでしょう。

原材料

乳等を主原料とする食品、乳たん白、砂糖、鶏卵、大豆油、食塩、増粘多糖類、乳化剤、タウリン、アミノ酸類、ミネラル類、ビタミン類

原産国／日本

愛猫生活へのアドバイス

ウエットフードを選ぶポイントは？

ウエットフードには、総合栄養食だけでなく、一般食、副食、栄養補完食もあります。主食にするなら、総合栄養食を選びましょう。

ウエットフードは、ドライフードに比べて添加物が少ないですが、なかにはとろみをつける増粘剤や色素を使っているものも。主食なら添加物使用のものは極力避けましょう。

たまにあげるおやつに、比較的安全といわれる添加物が少し入っているぐらいなら、神経質にならなくてもよいでしょう。

添加物の多くはその詳細までは表示されておらず、材料原価の低いフードでは添加物の品質も低いものを使用している恐れがあります。気になる人は、いっそ添加物の入ったフードはおやつでも一切与えないか、高価で高品質のフードを選ぶのがおすすめです。

PART

2

おやつ

ジャーキーや、またたびを使ったスナックなどがあります。おやつ選びは、保存が効くかどうかにも注目しましょう。

日本ペットフード

コンボ　サーモンスティック

アトランティックサーモン　7本

△

主成分はサーモンとタラ

写真だとわかりにくいですが、13センチぐらいのジャーキーがバラバラに個包装されて連なっています。

主成分はサーモンとタラで、着色料と香料は無添加と大きく書いてありますが、合成保存料にプロピオン酸カルシウムとソルビン酸カリウムが添加されています。この2つは飼料添加物として認められており、ともに基準量以下の使用では安全な物質とされています。

原材料

魚介類（アトランティックサーモン、タラ）、ビール酵母、食塩、酵母エキス、セルロース、増粘安定剤（グァーガム）、酸味料、保存料（ソルビン酸カリウム、プロピオン酸カルシウム）、タウリン、酸化防止剤（ローズマリー抽出物）、ビタミン類（A、D、E）

原産国／オーストリア

ユニ・チャーム　ペット

銀のスプーン
おいしい顔が見られるおやつ　カリカリ　シーフード

形以外は類似商品と同じ

原材料は穀類を1位に、次いでミール、人工着色料の典型的な廉価フードです。同系統の商品と基本成分は同じですが、形に変化をつけてあるのが特徴です。

主食と違って量が少ないので、原材料の質が低い影響も少ないとは思いますが、わざわざ選ぶのも疑問。カロリーも主食と同等なので、与え過ぎには注意が必要です。

原材料

穀類（小麦粉、パン粉、米粉、コーングルテンミール、麦芽粉末）、肉類（ビーフミール、チキンエキス、ポークミール）、油脂類（動物性油脂、植物性油脂）、豆類（大豆エキス）、ビール酵母、セルロースパウダー、魚介類（フィッシュエキス、マグロミール、カツオミール、白身魚ミール、乾燥シラス）、糖類、酵母エキス、調味料、pH 調整剤、着色料（二酸化チタン、赤色 102 号、赤色 106 号、黄色 4 号、黄色 5 号）、ミネラル類（カルシウム、塩素、コバルト、銅、鉄、ヨウ素、カリウム、マンガン、リン、亜鉛）、アミノ酸類（タウリン）、ビタミン類（A、B_1、B_2、B_6、B_{12}、C、D、E、K、コリン、ナイアシン、パントテン酸、ビオチン、葉酸）、酸化防止剤（ミックストコフェロール、ハーブエキス）

原産国／日本

マースジャパン
ドリーミーズ
まぐろ味

二重構造でおいしいのがウリのおやつ

日本では2017年から販売されています。味違いが9種類ありますが、いずれも主原料はチキンと穀類で風味付けは素材エキスの使用でまかなっています。

外側はカリッとしたドライ風で、中にクリームが入っています。味によって生産国がタイとカナダに分かれ、どうやらカナダ製は合成着色料や保存料が入っていないようです。選ぶならなるべく後者にしましょう。

原材料

肉類（チキンミール、家禽ミール、牛・羊副産物、チキンエキス等）、穀類（とうもろこし、米、小麦等）、油脂類、酵母、魚介類（まぐろエキス等）、ビタミン類（A、B_1、B_2、B_6、B_{12}、D_3、E、コリン、ナイアシン、パントテン酸、ビオチン、葉酸）、ミネラル類（Ca、Cl、Cu、I、K、Mn、Na、Se、Zn）、アミノ酸類（タウリン）、着色料（カラメル）、酸化防止剤（BHA、BHT、クエン酸）

原産国／タイ

ママクック

フリーズドライのササミ

猫用

人工的ではない、本物のおいしさ

添加物を一切使用していません。さばきたてのササミを一気に冷凍させるフリーズドライ製法を採用していて、鶏肉本来のうまみや肉汁をギュッと閉じ込めています。

水分を3．5％まで減らすことでデリケートな鮮度を維持しているので、冷蔵庫保存して開閉を繰り返すとそのたびに結露して風味と品質が下がっていきます。開封後は常温保存して早めに使い切りましょう。

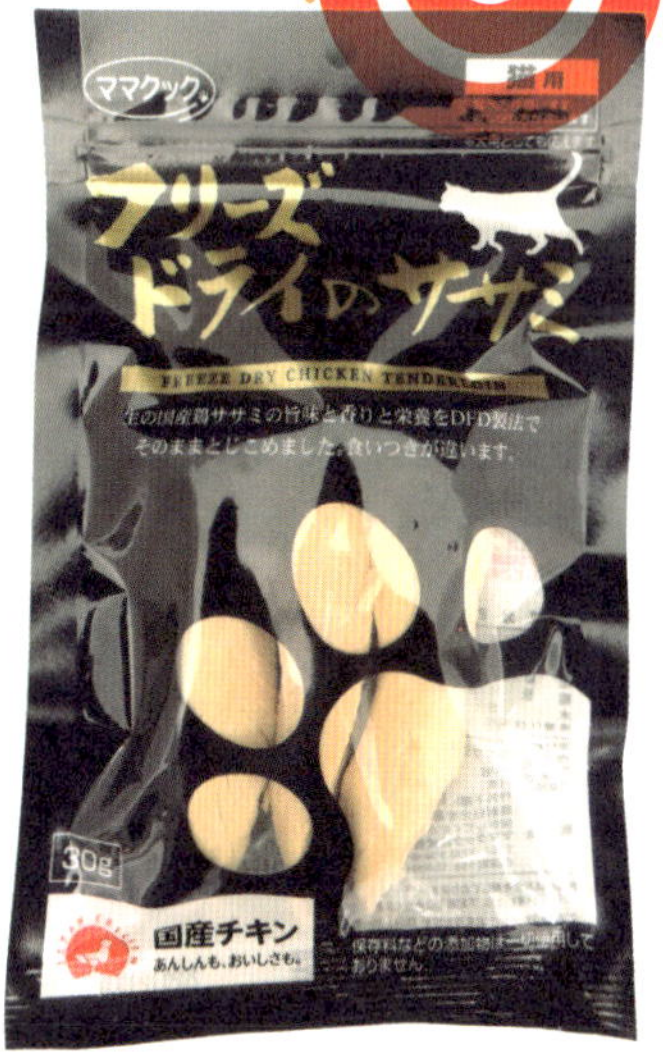

原材料

鶏ササミ

原産国／日本

愛猫生活へのアドバイス

煮干しのミネラル分が尿路結石に影響するおそれも

煮干しにはミネラル分が豊富に含まれています。そのため、たくさん与えてしまうと、尿路結石に何らかの影響をおよぼすおそれがあります。

本来、猫は総合栄養食をきちんと摂取していれば、おやつを与える必要はありません。しかし、どうしても与えたいという場合には、1日にひとつかふたつ程度にしましょう。

煮干しの頭部はとくにミネラル分が多いといわれているので、頭部を取り除いてから与えるとよいでしょう。その場合、人間用の無塩煮干しかペット用煮干しを与えましょう。

フジサワ

カニかま

不安な添加物と塩分に注意

たらのすり身と、カニ肉そのものを原料として使用しています。そもそも、かまぼこは製造段階で塩を使用しているため、猫にたくさん与えると塩分の摂りすぎになる可能性があり、注意が必要です。

この商品は、水分を含むしっとりとしたおやつなので、腐敗を防ぐための保存料にソルビトールを使用。ソルビトールは摂取しすぎると下痢や腹痛を起こすこともあります。

△

原材料

たらすり身、小麦でんぷん、かに肉、食塩、植物油脂、ソルビトール、調味料（アミノ酸等）、着色料（紅麹、コチニール、アナトー）

原産国／日本

ペットライン
キャネットキャンディーパウチ
プリッと仕立て　国産若どり&まぐろ味

ゼリーが3gずつ小袋に入っている

硬めと柔らかめ、味違いがあってその子の好みに合わせられます。硬い版はカラギーナンを使って固体化させたものです。これは胃腸で分解されない食物繊維で安全性に問題はありません。ただ、ジューシー仕立ての柔らかい版は増粘多糖類を使用しているので、あげるなら硬いほうがいいでしょう。

原材料

鶏むね肉、まぐろ、まぐろ節、まぐろエキス、増粘安定剤（カラギーナン）

原産国／日本

いなばペットフード
CIAOボーノスープ
かつお節ボーノ　海老クリームスープ

△

薄めて飲むには良いスープ

17gのスープが個包装されて5本入っている。味は魚介だし・エビクリーム・魚介クリーム・かつおだしの4種。クリーム風を演出するのに豆乳を使っています。

着色料は天然もしくは無害なものを選ぶようにしているが、とろみを出すために増粘剤が入っているので注意。

水分補給を促進するために、できれば薄めてドリンクとして使うならいいでしょう。

原材料

かつお節、エビエキス、豆乳、ほたてエキス、糖類（オリゴ糖等）、植物性油脂、増粘剤（加工でん粉）、ミネラル類、増粘多糖類、着色料（酸化チタン、パプリカ、紅麹）、調味料（アミノ酸等）、ビタミンE、緑茶エキス

原産国／日本

いなばペットフード

CIAOちゅ〜る　まぐろ ✕

わざわざ与えるメリットは少ない

国産で、ちゅーるとしてはごくごく標準的なつくり。類似品に対して劣るわけではありませんが、タンパク加水分解物、加工でんぷん、増粘多糖類が入っています。わざわざ与えるメリットは少ないでしょう。

一日４本（１５０〜２５０円）を目安に与えるように書いてあるが、そんなお金があるならハイグレードのかなりいい主食が買えてしまいます。

原材料

まぐろ、まぐろエキス、タンパク加水分解物、糖類（オリゴ糖等）、植物性油脂、増粘剤（加工でんん粉）、ミネラル類、増粘多糖類、調味料（アミノ酸等）、ビタミンE、緑茶エキス、紅麹色素

原産国／日本

愛猫生活へのアドバイス

添加物＝悪、天然物＝安全とは決めつけないで！

添加物に分類されていても、その物質は昔から自然の食品にも入っていたり、科学の力で開発された新しい物質だったりします。添加物を恐れ、何も考えずに避けるのはよくありません。

無害な物質、あるいはごくごくわずかに毒性の疑いがある、というレベルのものを神経質に排除すると、製品の安全性が確保できなくなります。

部分的に排除しても、現代人類の生活には化学物質だらけです。

添加物がなくても成り立つ、あるいは別の安全なもので置き換えられるのに、コストを優先して、安価で害があるかもしれない物質を採用している場合、避けるべき製品だと言えます。

そもそも、天然のものが安全で、合成物が危険だという先入観は誤りなのです。１００％安全なフードはありません。だからこそ、製品に含まれる添加物は個別に評価し、なるべく安全なものを見極める必要があります。

いなばペットフード

CIAO 焼かつお かつお節味

味違いがたくさんある

かつおを焼いて真空パックしたもので、添加物は鰹節とビタミンEと緑茶エキスだけで安心できます。おやつというものはこれくらいシンプルに作られているべきでしょう。

しかし、この手の安いおやつは似たものが大量にあるので店頭で手に取ったときに必ず毎回生産国を確認するべきです。望ましいのは日本産ですが、中国、韓国産を避けたアジア産であれば許容範囲でしょう。

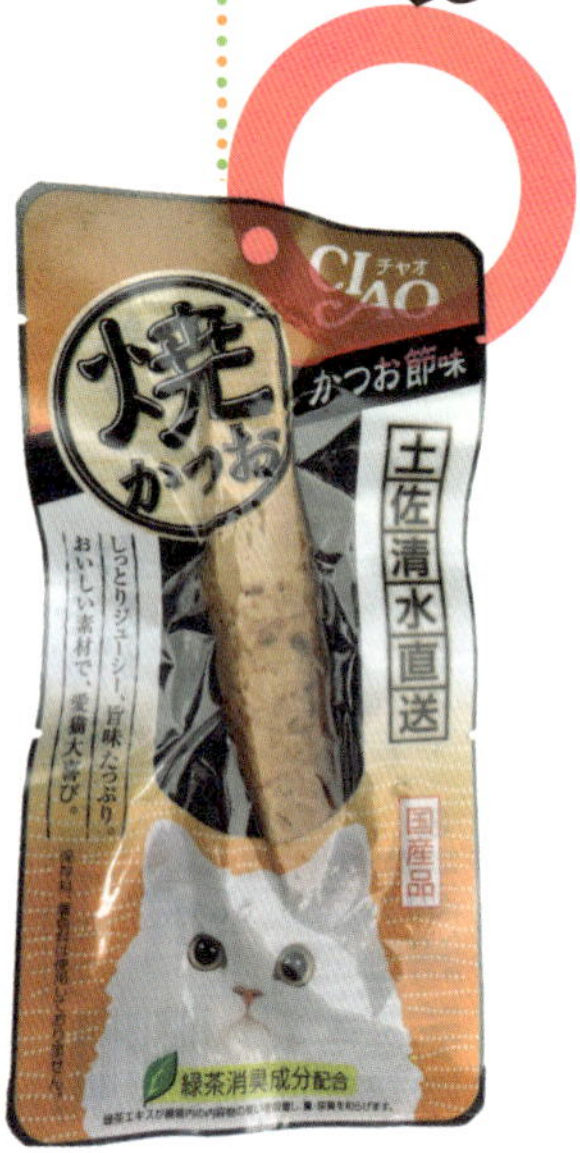

原材料

宗田鰹、かつお節エキス、ビタミンE、緑茶エキス

原産国／日本

ドギーマン

ねこちゃんジャーキー

毛玉ケア　チキン

不安のある添加物がいっぱい

味はチキンですが、ベースは鶏肉と牛肉です。このような製品は結構多いので、商品名に引きずられないようにしてください。添加物も発色剤など、不安のあるものまみれ。

飲み込んだ抜け毛の毛玉ケアができるそうですが、原材料を見るかぎりでは、排泄を促すものは食物繊維以外ありません。ジャーキーに入っている食物繊維でどれだけ毛玉を自然排泄させる効能があるのかは疑問です。

原材料

肉類（鶏肉、牛肉）、大豆たん白、糖類、小麦粉、魚肉、油脂類、チキンエキス、グリセリン、ソルビトール、増粘安定剤（加工でん粉、ポリアクリル酸ナトリウム）、食物繊維（セルロース、CMC-Na）、ミネラル類（カルシウム、ナトリウム）、調味料、保存料（ソルビン酸、デヒドロ酢酸ナトリウム）、ポリリン酸ナトリウム、発色剤（亜硝酸ナトリウム）、食用色素（カラメル、赤106）、ビタミンE

原産国／日本

ライオン
ペットキス　オーラルケア　ササミジャーキー
ブラッシングスクラブ配合

△

歯磨き効果は猫次第

歯磨き効果を出すための程よい硬さを作るため、汚れ落とし効果のための添加物が各種入っており、発色剤として亜硝酸ナトリウムも入っています。

猫の歯磨きブラッシングは犬に比べてなかなか思うようにさせてくれません。通常の歯磨きが難しい、歯垢の蓄積が目立つ、歯肉炎の兆候がある、丁寧によく噛んでくれる、という場合は使ってもいいでしょう。

原材料

鶏ささみ、牛皮、かつおオイル、でん粉類、食塩、ビール酵母、水あめ、魚たん白加水分解物、脱脂大豆、大豆油、豚コラーゲン、りんご抽出物、グリセリン、ソルビトール、トレハロース、ポリリン酸Na、酸化防止剤（ミックストコフェロール、エリソルビン酸Na）、増粘安定剤（アルギン酸Na）、ピロリン酸Na、調味料、保存料（ソルビン酸K）、微粒二酸化ケイ素、メタリン酸Na、発色剤（亜硝酸Na）、ローズマリー抽出物、ポリリジン、緑茶抽出物

原産国／日本

アイシア
お魚ジャーキー まぐろ

添加物が多いのは合成ジャーキーの常

ジャーキーは本来非常に腐敗・劣化しやすいものなので、どうしても保存料や食味を整えるための添加剤が多くなってしまいます。昔に比べて控えめになってきていますが、それでも他の種類のおやつに比べると種類が多くなります。

人間の好物でもあるため、つい店頭で手に取ってしまいがちですが、わざわざこれらを与える必要はないでしょう。

原材料

マグロ、鶏肉、脱脂大豆、牛肉、でん粉類、小麦たん白、豚脂、酵母、食塩、オリゴ糖、ソルビトール、膨脹剤、調味料、ミネラル類（Ca、P）、リン酸塩（Na、K）、乳酸Na、酸化防止剤（ビタミンC）、保存料（ソルビン酸）、ビタミン類（E、A）、乳酸Ca、発色剤（亜硝酸Na）

原産国／日本

マースジャパン

猫用グリニーズ

グリルフィッシュ味

自然素材オンリーだから安心

VOHC（米国獣医口腔衛生協議会）認定の、歯垢を落とすことを目的とする歯みがきガム。丸呑みする猫が多いので、よく噛む猫に使ってください。危険が考えられる添加物は不使用で、おやつとしては比較的優秀な成分構成。

猫は歯肉炎や口内炎が多い上に歯磨きをなかなかさせてくれません。完全に代わりになるわけではありませんが、こういう歯磨きガムの活用は有効でしょう。

原材料

チキンミール、小麦、玄米、コーングルテン、鶏脂＊、オーツ麦繊維、タンパク加水分解物、フィッシュミール（白身魚）、亜麻仁、乾燥酵母、ビタミン類（A、B_1、B_2、B_6、B_{12}、D_3、E、ナイアシン、パントテン酸、ビオチン、葉酸）、ミネラル類（カリウム、カルシウム、クロライド、コバルト、セレン、ナトリウム、マンガン、ヨウ素、亜鉛、鉄、銅）、アミノ酸類（タウリン、メチオニン）、酸化防止剤（ミックストコフェロール、クエン酸、ローズマリー抽出物）、着色料（スイカ色素、ゲニパ色素、ウコン色素）

＊ミックストコフェロールで保存

原産国／アメリカ

現代製薬

純またたび精

元気がないときやイライラの改善に

またたびをそのままくだいたパウダーで、添加物が入っておらず、安心です。フードに混ぜるか、そのまま与えましょう。小分け包装なので、いつでも新鮮なまま与えられます。

またたびを与えたときの猫は、喜ぶ、無視する、異様に興奮するなど、反応に個体差があります。愛猫がまたたびに大興奮する場合は、何回かに分けて与えるか、量を控えるようにしてください。

原材料

またたび

原産国／日本

イトスイ
コメット またたび
グルコサミン入り

関節が強化できるグルコサミン入り

原材料が、またたびとグルコサミンのみで無添加です。粉末タイプなので、食欲がないときにフードに混ぜて与えられます。

グルコサミンは、すり減った軟骨を再生させて、関節の強化などに効果があります。ただし、どの程度の量が配合されているか明記されていないので、あまり効果は期待しないほうがいいでしょう。

原材料

またたび粉末、グルコサミン

原産国／日本

愛猫生活へのアドバイス

またたびの与えすぎに注意 使用前に獣医に相談を

猫は、またたびに含まれるアクチニジンとマタタビラクトンという成分によって、陶酔したような状態になるといわれています。

個体差などはありますが、陶酔したかのような状態になるのは10分ほどです。ただ、またたびの成分は脳の中枢神経に働きかけるので、なかには興奮しすぎて凶暴になる猫や、呼吸不全で命に危険がおよぶ場合もあります。

かならず用法・用量を守って与えるようにしましょう。

また、老齢猫、もしくは心臓疾患がある猫の場合などは、またたびを与える前にかかりつけの動物病院で相談することをおすすめします。

スマック

またたび玉

原材料が廉価版フードとほぼ同じ

△

またたびの実の粉末でコーティングした、スナックです。主原料は穀類、フィッシュミールなどで、原材料の構成は廉価版のフードとほぼ同等です。

主食に上質なフードを与えている場合、単体で購入したまたたびをフードにかけるなどしたほうが安心です。転がして遊べるようですが、床に置いたものを口に入れるのに不安がある飼い主には不向きです。

原材料

穀類（とうもろこし、小麦粉、パン粉）、フィッシュミール、ミートミール、油脂類（動物性油脂、魚油（DHA・EPA源として））、豆類（脱脂大豆等）、ビール酵母、またたび純末、植物発酵抽出エキス、ミネラル類（カルシウム、リン、鉄、亜鉛、銅、ヨウ素）、アミノ酸類（メチオニン、タウリン）、ビタミン類（A、D、E、K、B_1、B_2、B_6、コリン）

原産国／日本

ドギーマン

ネコちゃんの牛乳 成猫用

おなかがゆるくなる可能性あり

このシリーズは、幼猫用、成猫用、シニア猫用の3種類があり、それぞれの年齢に合わせた栄養成分に調整されています。おなかを下す原因となる乳糖を酵素で分解して、栄養素を添加しています。

食欲不振時の栄養補給、水分を摂らせたいとき、老猫の副食などの活用に向いていますが、増粘多糖類でおなかを下すことがあるので、そんなときは与えないようにしましょう。

△

原材料

乳類（生乳、脱脂乳、乳清たん白）、植物油脂、増粘多糖類、乳糖分解酵素、ミネラル類（カルシウム、カリウム、マグネシウム、リン、鉄）、乳化剤、ビタミン類（A、B_1、B_2、C、D、E）、タウリン

原産国／オーストラリア

森乳サンワールド

プレミアムキャットミルク

幼猫から老齢猫まで使用できて安心

成分が母乳に近いので、生まれたばかりの幼猫や老齢猫の栄養・水分補給にも向いています。

免疫力向上効果のある牛の初乳を強化し、健康維持のためのＤＨＡを配合。

おなかにやさしいのですが、タンパク質が多いので、腎不全の猫には過度に与えないようにしましょう。

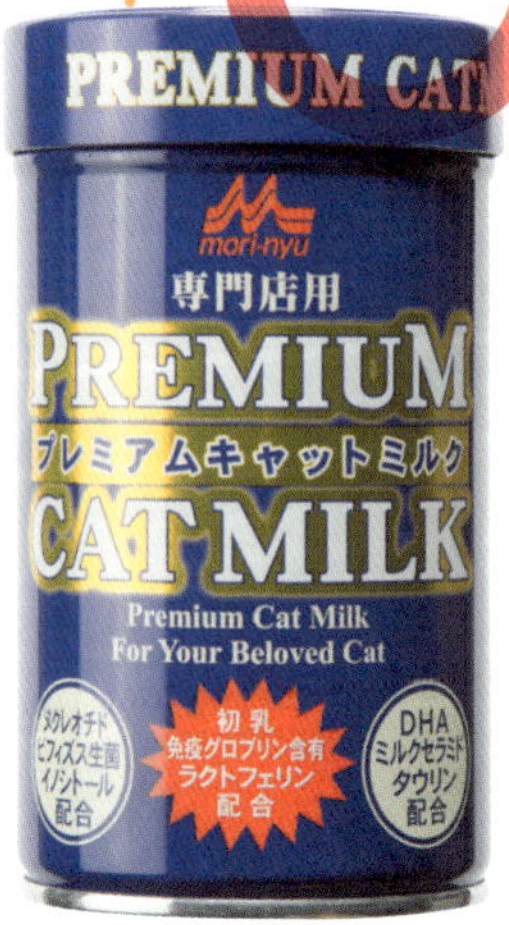

原材料

乳たん白質、動物性脂肪、脱脂粉乳、植物性油脂、卵黄粉末、ミルクオリゴ糖、乾燥酵母、初乳（牛）、DHA、ビフィズス生菌、ミルクセラミド、pH調整剤、乳化剤、タウリン、イノシトール、ラクトフェリン、L-アルギニン、L-シスチン、ビタミン類（A,D,E,B_1,B_2,B_6,B_{12},C,パントテン酸,ナイアシン,葉酸,β-カロテン,コリン）、ミネラル類（Ca,P,K,Na,Cl,Mg,Fe,Cu,Mn,Zn,I）、ヌクレオチド、香料（バター）

原産国／日本

アーガイルディッシュ

シルキーゴートミルク

完全栄養食ではなく健康補助、食欲増進製品

ビタミンやミネラルを豊富に含むアルファルファを主食とする、自然放牧のヤギから自然搾乳したミルクのみを使用しています。

ヤギは牛より多様な植物を食べるため、微量元素の摂取量が多く、それがミルクの栄養価の高さに反映されています。

消化吸収もしやすく、子猫の栄養補助だけでなく、成猫や老齢猫の栄養・水分補給に与えるといいでしょう。

原材料

オーストラリア産 ヤギミルク 100%

原産国／オーストラリア

日本ペットフード
ミオ　子猫のミルク
普及価格の子猫用ミルク

他社製のスタンダード品とほぼ同じ価格で、子猫以外にも成猫や老猫の栄養補給に使うこともできます。

高価なもののほうが栄養グレードは高くなっていますが、普及品で力不足というわけではありません。一番大事なのは子猫が安定して飲むかどうかなので、あまり好まないようでしたら粘らずに違う製品をすぐに買って試してください。成長期の子猫はちょっと食べないだけで深刻な体調不良になります。

原材料

乳類（脱脂粉乳、カゼイン）、油脂類（植物性油脂、動物性油脂、γ - リノレン酸）、大豆たんぱく、卵黄粉末、オリゴ糖、L- カルニチン、ミネラル類（Ca、P、K、Mg、Fe、Cu、Mn、Zn、I、Co）、乳化剤、香料、ビタミン類（A、B_1、B_2、B_6、B_{12}、D、E、K、ニコチン酸、パントテン酸、葉酸、コリン）、タウリン

原産国／日本

愛猫生活へのアドバイス

ミルクを与える必要があるかどうか、確認しよう

健康な成猫であれば、ミルクを無理に与える必要はありません。与える場合は、愛猫の年齢や体調に合わせましょう。

猫のミルクは大きく分けて、次の4種類があります。

①子猫育成用ミルク

子猫のための完全栄養食として調整されたミルク。ラクトフェリンによる健康増進の各種効果に期待して、あえて成猫に与えるのもアリ。

②乳糖分解型ミルク

猫に積極的に水分補給させたいときにおすすめ。素の牛乳と栄養素は同じ。

③栄養調整ミルク

一般的なミルクに栄養素を追加してある。成猫〜老齢猫用。

④山羊ミルク

老齢や体力への不安があるなど、ワンランク上のサポートを必要としている猫におすすめ。

ペッツルート

ふわニャン　とり 無添加けずり

無添加なので、早めに食べきることが必要

鶏胸肉をかつおぶしのように削った商品です。かつおぶしのようにカビづけはしていないはずなので、単純に乾燥肉を細かく削っているのでしょう。

酸化防止剤などが無添加のため、開封後は早めに食べきる必要があります。また、3カ月以下の子猫に与えないよう記載があります。吸い込みを懸念しているのでしょう。

原材料

鶏胸肉

原産国／日本

アイシア

MiawMiawふりかけスティック かつお節味

比較的安心で抗ストレス効果あり

アイシアの特徴であるa－iペプチドにより抗ストレス効果があります。

鰹節の粉末をでん粉と混ぜて顆粒状にしてある以外に気になる添加物はありません。

3gの顆粒が個包装で6本入っています。好むようであれば、爪切りや風呂の後の食事に混ぜてやってもいいでしょう。

原材料

魚介類（かつお節粉末、フィッシュペプチド）、ぶどう糖、酵母エキス、でん粉類、調味料

原産国／日本

ペッツルート

無添加 ふわふわ花 まぐろけずり

△

わざわざ与える必要なし

原材料は、まぐろのみ。削り節に含まれる成分は、猫にとってとくに毒にも薬にもなりませんので、フードにかけることでの食欲が増すのであれば気軽に使っていいでしょう。乾いているように見えても水分を21％も含んでいます。

小分け密封されていないため、早く食べきらないと風味が劣化します。人間が台所で使う少量パックからそのつど分けてあげてもいいです。

原材料

まぐろ

原産国／日本

秋元水産

猫ちゃんのふりかけ まぐろといわし

△

尿路結石の形成を後押しする可能性アリ

まぐろぶしの中にいわしの煮干しが入っています。魚丸ごとの煮干しはミネラルが豊富で尿路結石の形成を後押しする可能性があります。あまり多く与えないようにしましょう。猫は何を食べていようと、ときどきは動物病院で尿検査をしてあげてください。

食塩は無添加ですが、煮干しは製造過程で塩を含んでいるので、どうしてもいくらかの塩分摂取になることに留意してください。

原材料

まぐろ、いわし

原産国／日本

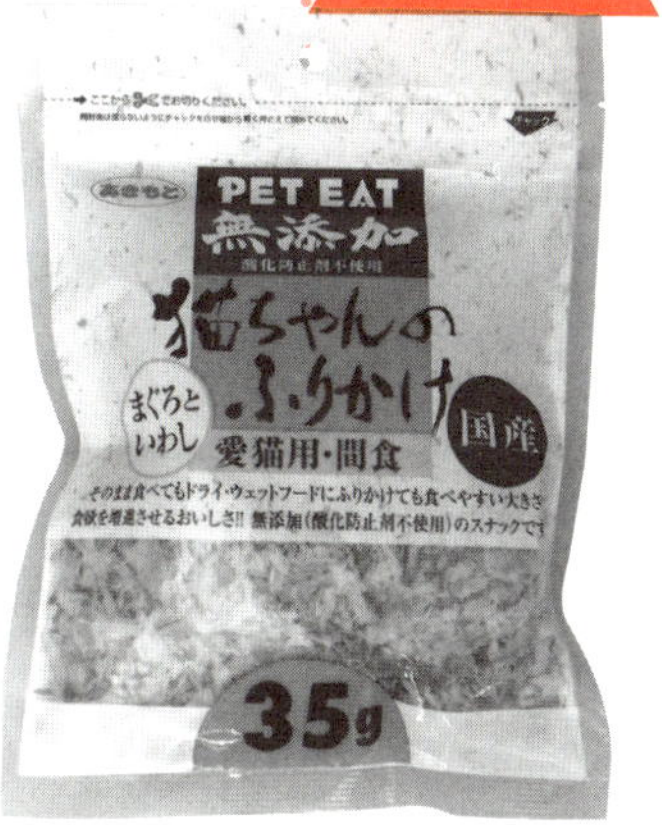

マルジョー&ウエフク

ミックスふりかけ

愛犬・愛猫用　ミルク&カマンベールチーズ

△

チーズの塩分量が心配

老齢猫の健康を考えて、グルコサミンとコンドロイチンが配合されたチーズ入りの国産のふりかけです。

チーズには、ビタミン、カルシウム、鉄分、タンパク質などの栄養成分が含まれていますが、カマンベールチーズに含まれる塩分量は、100gあたり約2gです。

この商品の塩分量は不明ですが、多量に与えるのは控えましょう。

原材料

ミルク（粉乳）、カマンベールチーズ、グルコサミン、コンドロイチン

原産国／日本

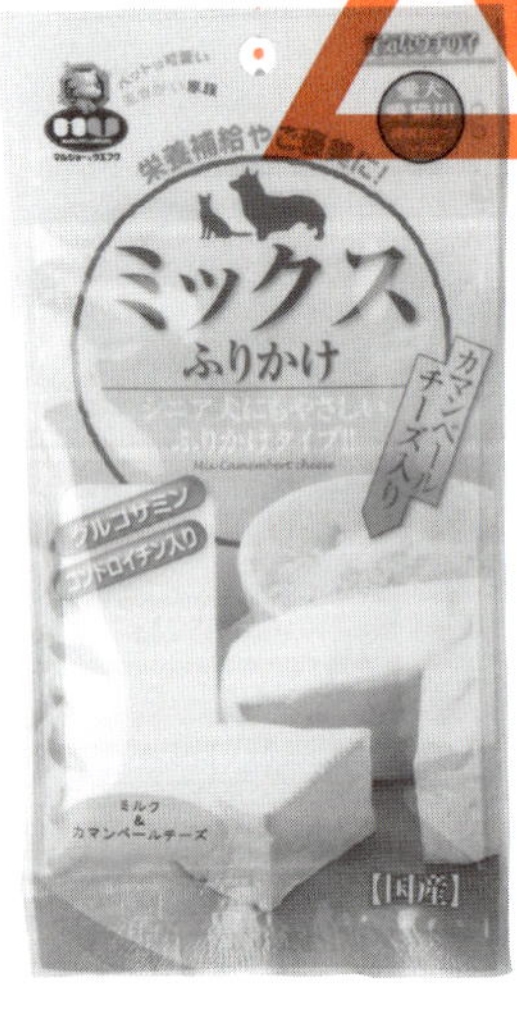

ニチドウ

グリズリーサーモンオイル

原料が天然由来なので安心

主原料は天然のアラスカサーモンオイルで、フードに適量かけて与えると、食いつきがよくなります。血液サラサラ効果や脳機能の活性化に効果があるとされる、オメガ3とオメガ6の脂肪酸の補給も可能。

病院仕様の高性能品があるので、中高齢になったら本製品を使うか病院仕様を使うか、担当獣医師に相談して決めましょう。

原材料

アラスカサーモンオイル・ローズマリー抽出物

原産国／アメリカ

愛猫生活へのアドバイス

猫の食費とフード選び

平成30年全国犬猫飼育実態調査（日本ペットフード協会）によると、１カ月のフード代の平均は主食３１４２円、おやつ１２７６円で計４４１８円です。飼い猫の食費も計算してみましょう。

猫は犬と比べて品種による個体差が小さいとはいえ、成猫で３キログらいの子もいれば10キログらい子もいます。体重によって与える量が異なるので、大きな子の場合、食費もその分かかります。多頭飼いの場合も同様です。

フードの価格帯は、ドライでも１キロあたり数百円から数千円までかなり幅があります。

あまり個性のない中の上ぐらいのフードは層が厚く、選ぶ決め手がないものが多いです。そういうときは価格を見て選んでもよいと思います。

廉価品でもとくに添加物の多いもの、味を優先しているもの、限られた予算の中でできるだけバランスを取ろうとしているものがあるので、注意して選びましょう。

PART

3

あそび・住まい

遊び道具は、猫が誤飲する危険性も考えて選びましょう。また、猫はきれい好きなので、トイレや猫砂選びにも気をつけましょう。

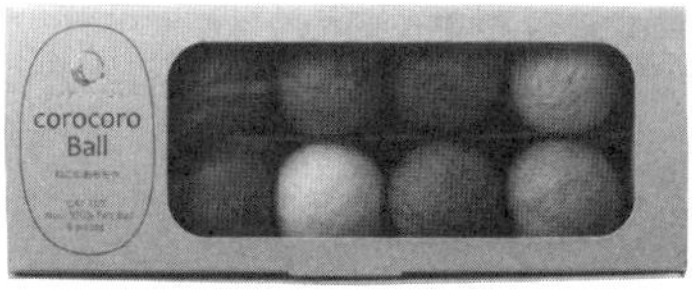

猫壱

キャットトンネル スパイラル　木目柄

○

横穴が増え明るい色になった

スパイラル上の金属ワイヤーに、シャリシャリ音のするビニールカバーをかぶせたトンネル。長さ64センチ、直径23センチで、頭を下げて泥棒歩きをするとちょうど入っていけるサイズです。

畳むための留め具が3カ所に付いていますが、猫がかじり取りそうなら先に切ってしまったほうが安全でしょう。

原産国／中国

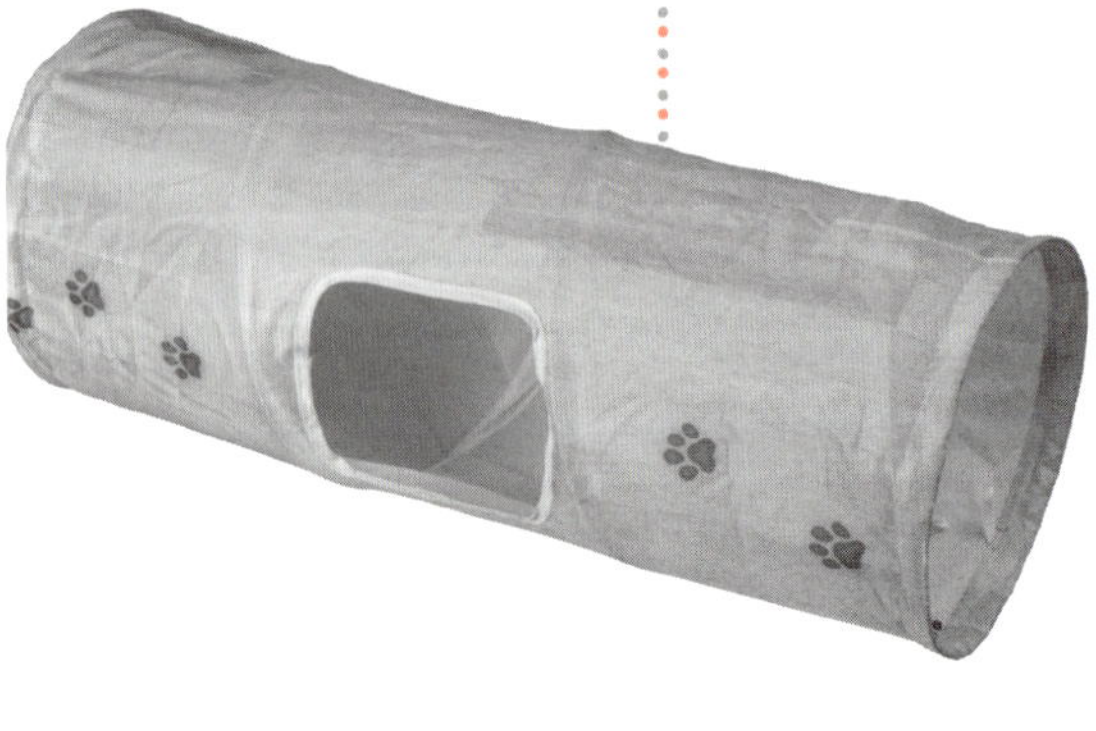

アイリスオーヤマ

キャットタワー QQ80332

△

水濡れに弱く掃除の自由度が低い

　最上階はやや狭く、枠を作っているスポンジが柔らかいため、猫がもたれると曲がってしまい、少し安定性に欠けると思われます。またスポンジなので水濡れにも弱いです。

　床板に重量はあるものの、面積が小さく大柄な猫が蹴って踏み切った場合は倒れるかも。長く使わず、キャットタワーを猫が受け入れるかどうか試す入門用としてはよいでしょう。

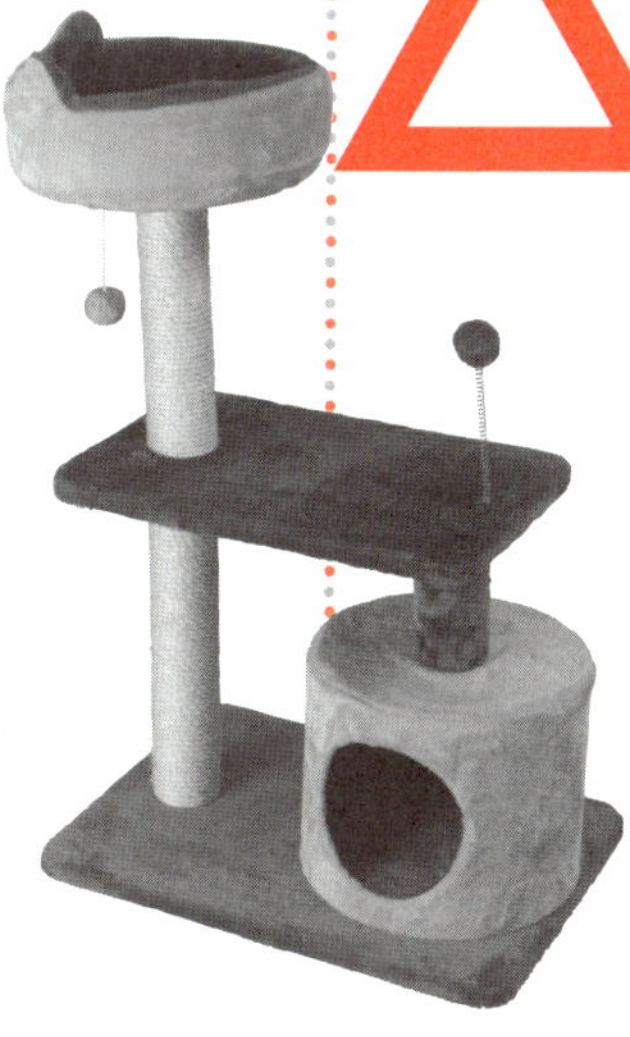

獣医さんに聞いてみよう!

キャットタワーの購入&使用のポイント

キャットタワーは値が張るうえ、質も種類も多いのに、猫によっては使ってもらえなかったり、壊されたり……。どのように選び、使うのがいいか紹介します。

購入と配置時の注意点

キャットタワーの価格は3000〜10000円前後で、安いとは言えません。登る猫と登らない猫がいます。いきなり高額なものを買うのはやめましょう。

また、強度のないぐらつくタワーは、揺れると猫が不安で気に入らないことがあります。なるべく、店頭で展示品を実際に触って選んでください。

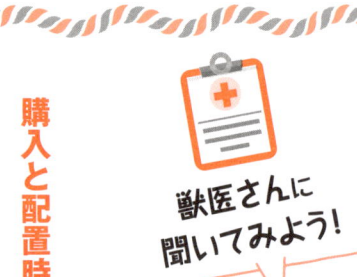

小型でおしゃれなものほど、耐荷重が低いです。装飾を兼ねた小さい巣箱や筒が付いていますが、猫が入るかはわかりませんので、商品選びのときはあまり重視しなくてよいでしょう。

材質は、硬い木板製だと衛生管理やインテリア性に優れますが、猫が踏み切るときに滑る恐れがありますので、部分的に滑り止めを貼る工夫が必要です。ファーが貼ってある場合、嘔吐物の掃除などで苦労するので、掃除や洗浄、部品交換ができるかどうかなどの対策を考えておいてください。段の構成があまりに垂直すぎると、身体能力の低い猫には移動できません。ズレが十分に確保されていて、1段あたりの落差も大きくないものが適しているでしょう。

タワーの位置は、猫それぞれの好みによります。基本的には、高台から部屋全体が一望できて死角がなく、かつ下からはあまり見えないと猫は喜びます。また、エアコンの風が直撃しない位置がいいです。

使用時の注意点

まず、接着剤の匂いがするものが多いので、設置前に干してから使いましょう。ぶら下げてあるおもちゃはよく壊してしまいます。引っ張ったせいで倒壊する恐れもあるので、最初は付けないでおきましょう。

タワーを支えるため、周囲に支えとなる家具を置き、ステーを渡しておくなど、激しい運動に耐えられるようにしましょう。高台から飛び降りる癖が猫についた場合は、着地地点に人間のクッションやスリッパ、小物がないようにしてください。衝撃吸収のためにヨガマットのようなものを一枚敷いてもいいでしょう。

複数猫がいて、場所の奪い合いになるようならタワーも複数用意してください。同じところに何頭も入ると、強度限界を超えたり、重心が偏って倒れたりします。喧嘩になり、落下して怪我をする可能性もあります。

猫じゃらし産業

猫じゃらし

強度のある化学繊維使用で安全度◎

猫がなめても安全な染粉《そめこ》が使われています。素材が天然毛皮だと、猫が異常に執着して誤食の危険がありますが、これは化学繊維製で強度もあり安心です。

　ちなみに釣り竿型で、ひもの先端にウサギの毛皮や鳥の羽根がついている猫じゃらしも人気。ただ、毛皮やひもが簡単に食いちぎられるので、誤食事故も注意。遊ばせるときは、目を離さないようにしましょう。

原産国／日本

necono

コロコロボール

気をつけて遊ばせれば○

猫によってボールが好きな子とそうでないのがいるので、最初になにか布切れでも丸めて実験してから買った方がいいでしょう。

羊毛のせいか毛をむしるので、小さくなって飲み込む前に交換してください。遊び終わったらちゃんと回収しましょう。

よだれで埃まみれになるので、よく掃除した部屋で使ってください。

原産国／ネパール

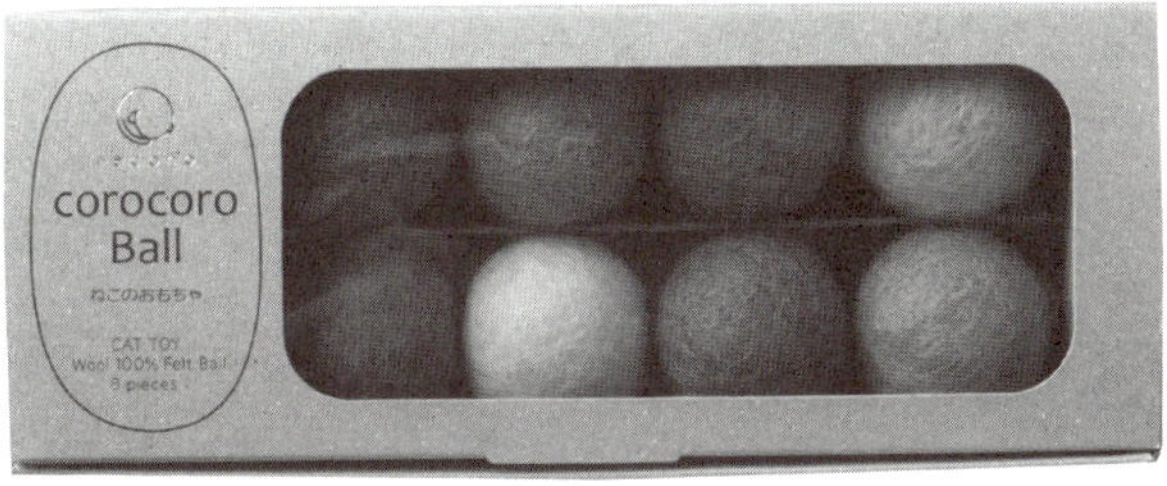

プラッツ

レインボーキャットチャーマー

△

奥歯で噛むと短時間でちぎれる

　長いフリースのカラフルなリボンつきの猫じゃらし。頑丈さをうたっていますが、奥歯でしっかり噛むと、短時間で食いちぎります。
　飼い主がリボンを振って遊んであげる分にはいいのですが、放置しておくと猫は抱えて噛みたがります。先端近くを食いちぎると誤食のおそれがあるので、猫のそばを離れるときは遊ばせないようにしましょう。

原産国／アメリカ

ドギーマン

じゃれ猫 LED ニャンだろ~?!光線

△

光が弱いので安全

飼い主が壁や床にネズミ型の光を照射し、猫がその光を追いかけて遊びます。ただ、あまり光は強くないので、薄暗い室内でないと使えないでしょう。レーザーポインターのような光量や到達距離は期待できません。

応用性や安全性は高いので、猫の性格や身体能力に合わせて、飼い主が遊び方を工夫してあげるとよいでしょう。

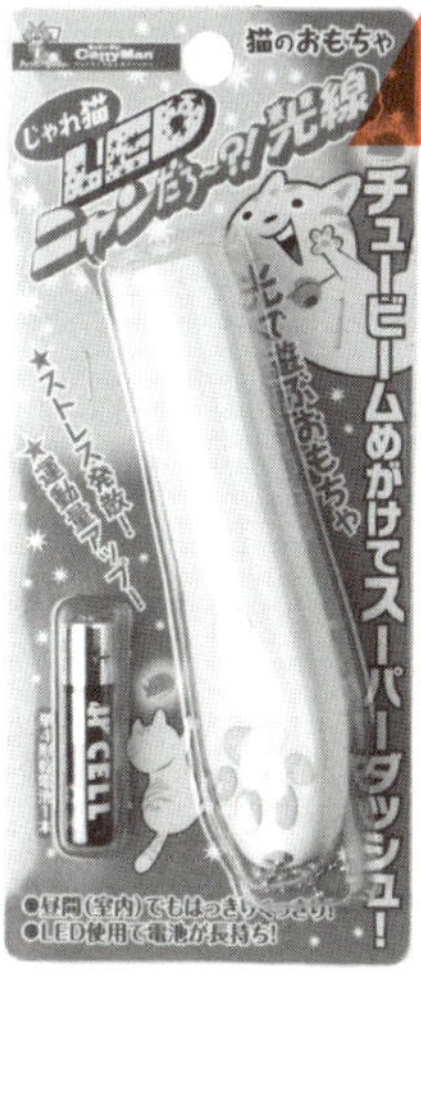

原産国／中国

エイムクリエイツ

ミュー ガリガリサークル スクラッチャー

つめとぎには不向き、ハウスならアリ

とぎカスが飛び散らない設計の段ボール製のまたたびつきつめとぎ。底面積が小さいため、猫がつめとぎポーズを取るのは難しいですが、丸まってくつろげるのでハウスとしてならアリ。紙製なので、摩耗や破損していなくても汚れた場合には交換が必要です。

△

原産国／中国

ボンビアルコン

キャットスクラッチハウス

〇

一般的なダンボールつめとぎとカバーのセット

段ボールつめとぎはたいていの猫に好評ですが、毛羽が散乱するのが飼い主に不評です。本製品は、つめとぎが見えるのを嫌う飼い主のために作られたつめとぎ器カバーです。

類似品がいくつもありますが、中のスペースがせまく外が見えないものは猫が嫌うようです。どの製品もすぐ壊れるので、割り切ってガムテープ修理をしながら使いましょう。

原産国／中国

ペティオ
麻つめみがき

実用的でコスパ的にもおすすめ

段ボール板に麻をはったスタンダードなつめとぎ。両面使えます。

麻から破片は出ませんが、段ボールからは出ます。ただ、猫が気分よくとげるなら許せる範囲。インテリア性には欠けますが、安価なので気軽に試せます。

つめをとぎ終わった猫が移動するときの反動で、位置がずれるので注意。重さのある木の固定枠をつけると、実用性がアップします。

原産国／ベトナム

東洋アルミエコープロダクツ

とぎカスの出ない爪とぎマット

構造的につめとぎはできない

ポリプロピレンとシリコン製のつめとぎマット。とぎカスは出ませんが、質感や材質的に猫が興味を示すとは考えにくい商品です。

猫のつめとぎとは、素材に食い込んだつめを強引に手前に引いて古い外層の不要になったつめを剥離させる、という仕組み。この素材ではつめが食い込まず、引いてもつめを剥離させるだけの強い引っかかりもありません。

原産国／中国

×

スペクトラムブランズジャパン

ファーストラックス ペットスイート

○

デザイン性は劣るが欠点なし

実用性重視型のペットケージ。正面と上部から猫を出し入れできます。扉も両開きで閉めると自動でロックがかかります。

類似商品に比べて廉価ですが、この商品は、製品自体の構造としてＩＡＴＡ（国際貨物輸送協会）の基準をクリアしており、心配はいらないでしょう。デザインがあまりスマートでない点以外には欠点は見当たりません。

原産国／中国

リッチェル

ピコキャットキャリー△

暴れる猫には不適かも

この製品のメリットは、割と安い点、上から中が見え、ハッチをあける前に猫の姿勢にあわせて身構えることができる点です。

デメリットは、蓋のロックをかけそこなうことがあり、うっかりすると猫が飛び出す点、狂暴な猫が暴れると側面のラッチが外れて上下に分解する可能性がある点です。

安全のため、外側からスーツケースベルトで縛ってから連れ出すほうがいいでしょう。

原産国／日本

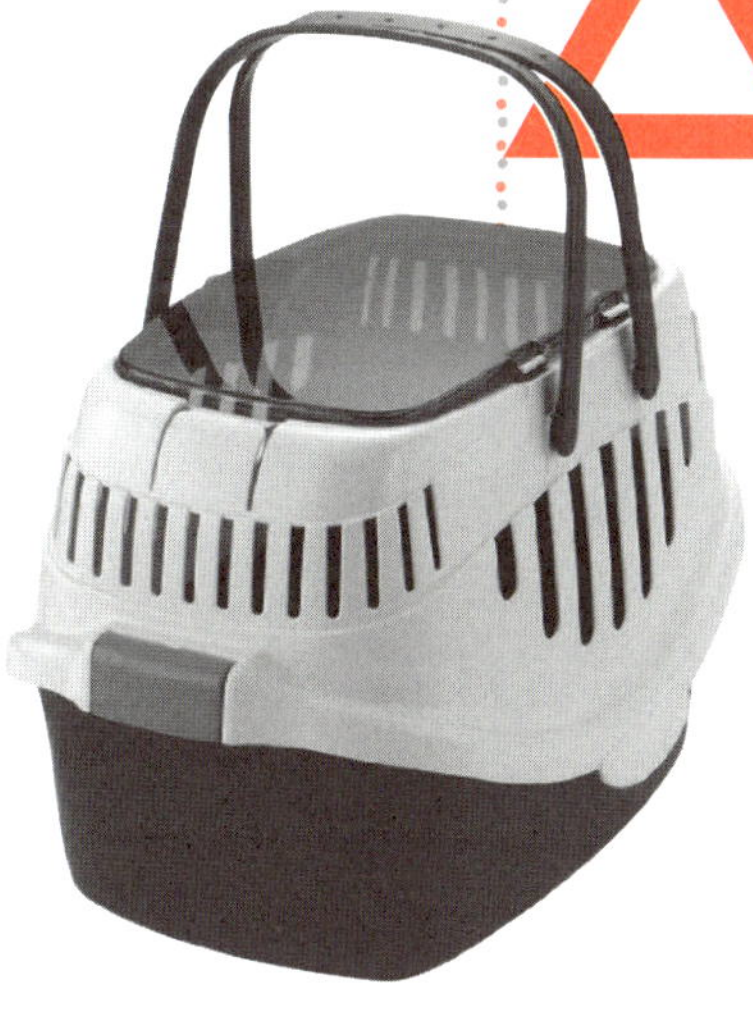

ドギーマン

猫くるりんバッグ

おとなしい猫向けのキャリー

しっぽがついたかわいい猫用キャリーバッグ。飛び出し防止リードがついていますが、リードをつけても縁《ふち》から顔を出すことは可能。迅速な開閉ができないファスナー式なので、閉めきる前に猫の顔や手が飛び出してくることが多いようです。

付属の通院ネットは、首だけ出していると するっと全身も出てしまうので、全身を入れてからキャリーに入れましょう。洗濯ネットでも代用できます。

原産国／中国

インパクト

VAIVA フェルトウール キャットハウス

隠れ家として興味を引く可能性大

100%ウールのフェルトでできている、家の中で使う猫ハウス。隠れ家としては猫も気にいるのではないでしょうか。ただ、上に乗って寝る猫もいるようなので、つぶれたハウスを直すことになる可能性を考慮して。

値段が高めなのがマイナスポイント。購入を迷ったら、同等の機能をもったカマクラタイプの猫ハウスの廉価品をおすすめします。

東洋アルミエコープロダクツ

にゃんこハウス

△

安ければ購入を考えても○

かわいらしいデザインの段ボール製ハウス。天板部分にふたがついていて、猫が顔を出せる仕様になっています。

ショップによって値段はまちまちですが、猫が入ってくれなくても安く手に入れたならそんなにがっかりしないで済むでしょう。

もっとコストを抑えたいなら、スーパーでもらえるミカン箱に出入口を開けて置いておくだけでも、同じようなハウスになります。

原産国／日本

アイリスオーヤマ

ペットケージ

子猫時代から習慣づければOK

中で上下運動できるのがウリ。2段と3段のものがあります。ケージを選ぶときは、たわみやぐらつきなど強度に問題がないか、掃除などのメンテがしやすいかを見ましょう。

猫をケージに閉じ込めることについて批判がありますが、子猫のころから慣れさせれば問題なし。室内に放つ時間を確保しつつ、夜だけケージに入れるのを習慣化するのなら猫にとってストレスにはなりません。

犬と生活

猫の暮らしエスケープカラー

ヴィヴィッド

×

アクセサリーとしてもコスパ的にも疑問

ゴムベルト製の首輪。伸縮タイプの首輪は、シュシュのようなデザインのものなど多く出回っています。伸びるタイプの首輪は屋内用で、散歩リードの装着はできません。

また、アクセサリーとしてのアピール度も高くない割に値段が高め。「危ない」という意味ではなく、買う必要性が乏しいといえます。

原産国／日本

愛猫生活へのアドバイス

マイクロチップの登録を

近年、ショップ販売の猫へ挿入が義務化されました。すでに飼っている子は努力義務ですが、国単位でより責任ある飼育を啓蒙する方針になっています。

　マイクロチップは、直径2㎜、長さ8〜12㎜の円筒形の電子標識器具で、15桁の数字が記録されています。電池不要で、半永久的に使用可能。埋め込みは獣医師が行ない、費用は数千円程度で、生後4週齢ごろから埋め込むことができます。その後、「動物ID普及推進会議（AIPO）」のデータベースに登録（登録料は1050円）します。

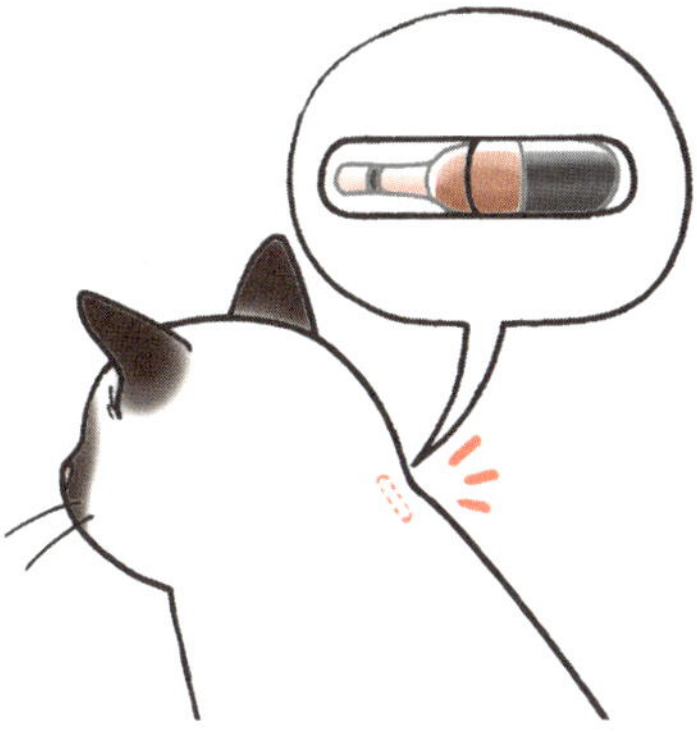

犬と生活

猫の暮らしハンドルベスト

猫にとって負担が少ない構造

背中に持ち手がついた便利な猫用のハーネス。体に食い込まない幅広の布地で作られています。外出時は抜けない首輪を装着し、必ず首輪とハーネスの間を短い自作リードで連結するなどなどをして逃走を防いでください。

背中の部分にある面ファスナーの接合面の幅が４㎝あるので、接合部を１㎝確保とすると胴回りは±３㎝の調節が効きそうです。

原産国／日本

WETNoZ
FATCAT

おしゃれなだけで実用性は薄い

おしゃれな食器を多く出しているブランドで、なかには実用性を無視した商品も。これも、おそらくフードがこぼれ落ちます。実際に猫が使用しているところを脳内でシミュレートしてみましょう。

メラミン製は落としても割れず、金属音がしないのが特長。ただし、食器の材質は、洗浄・殺菌がしやすく、アレルギーを起こしにくい陶器やステンレスがおすすめです。

✕

原産国／中国

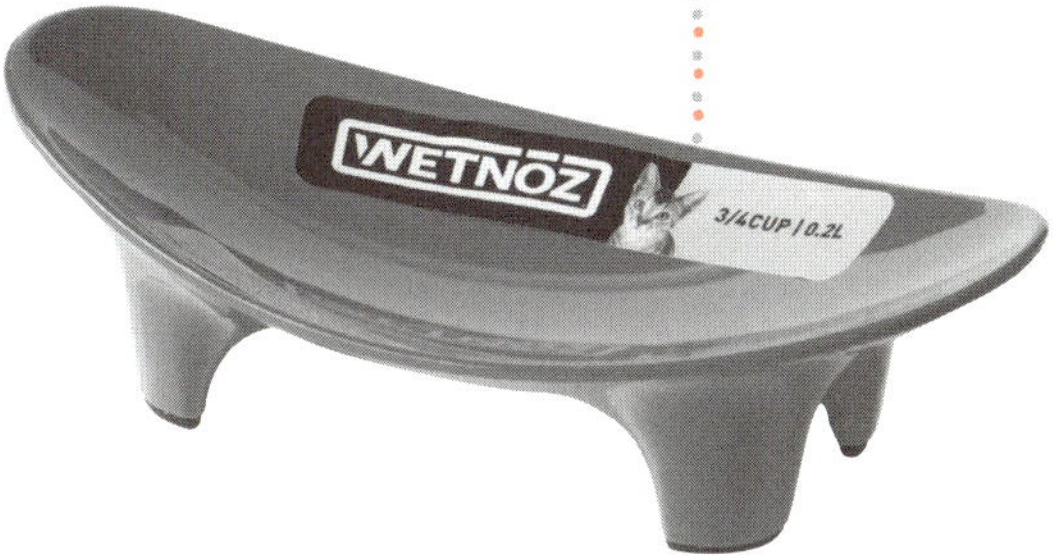

ジェックス

ピュアクリスタル

あくまで流水しか飲まない猫に

流水しか飲まない猫のための商品。水トレイから飲む猫には必要ありません。フィルターでゴミを取り除いても水は腐ります。

むしろ活性炭でカルキをろ過するので、塩素の殺菌能力を失います。カルキ臭を気にする猫なら、市販の軟水ペットボトルかくみ置きの水をあげるほうがいいでしょう。

水の流路には雑菌の膜が形成されるため、頻繁に分解洗浄する必要があります。

△

猫壱

ハッピーダイニング 脚付フードボウル

○

電子レンジ可はメリット大

通常、猫の食器の高さについてはあまり気にする必要はありません。ただし、屈むのがつらそうな老齢猫や、巨大食道症で頭を下げないほうがよい猫などには適しています。

電子レンジで加熱可なのはうれしい点。加熱ムラでやけどしないよう、よくかき混ぜましょう。陶器製で凹凸がないため洗いやすく、傷つきにくいという点でも、おすすめです。

原産国／中国

ボンビアルコン

しつけるトイレCーS

○

小さい猫向きのコンパクトなトイレ

「しつけるトイレ」とありますが、ごく普通のコンパクトなトイレで、サークルの中にも収まります。体が小さめの猫に向くので、成長して大きくなったら買い換えが必要かも。

子猫のはじめてのトイレ、車に乗せるなど出かけるときのトイレとしても重宝できそうです。お尻を持ち上げるタイプの猫だと白色のハンドルにかかるかもしれないので、その場合は外してしまったほうがいいでしょう。

原産国／中国

リッチェル

コロル　フード付ネコトイレ

砂の飛び散りを防ぐシンプルなトイレ

　ごく普通のトイレの屋根つき版。箱型で本体部分も深く、猫が砂を蹴散らしても、室内に砂が飛び散る心配がほとんどありません。

　余計な構造物がなく、掃除もラクで、専用の砂を使う必要がないので便利です。屋根には、消臭剤やスコップの収納場所と持ち手もあり、すぐに移動可能。「猫のトイレ」を意識させず、室内になじみやすいのも長所です。

原産国／日本

リッチェル

コロル　節約簡単ネコトイレ

△

砂は節約できるが狙い通りにならない

おまる型で、中央に砂が集まりやすい形状なので、体に砂がつきません。砂の量も少なくて済み、経済的です。ただし、狙いが穴に合わずに排泄物がスノコに落ちたり、猫自身が好まないケースも出てきそうです。

価格が安いので試すのもアリですが、裾広がりの形で意外に場所をとります。掃除は普通のトイレより手間がかかります。猫が慣れる前に、飼い主が先にめげる構造かも。

原産国／日本

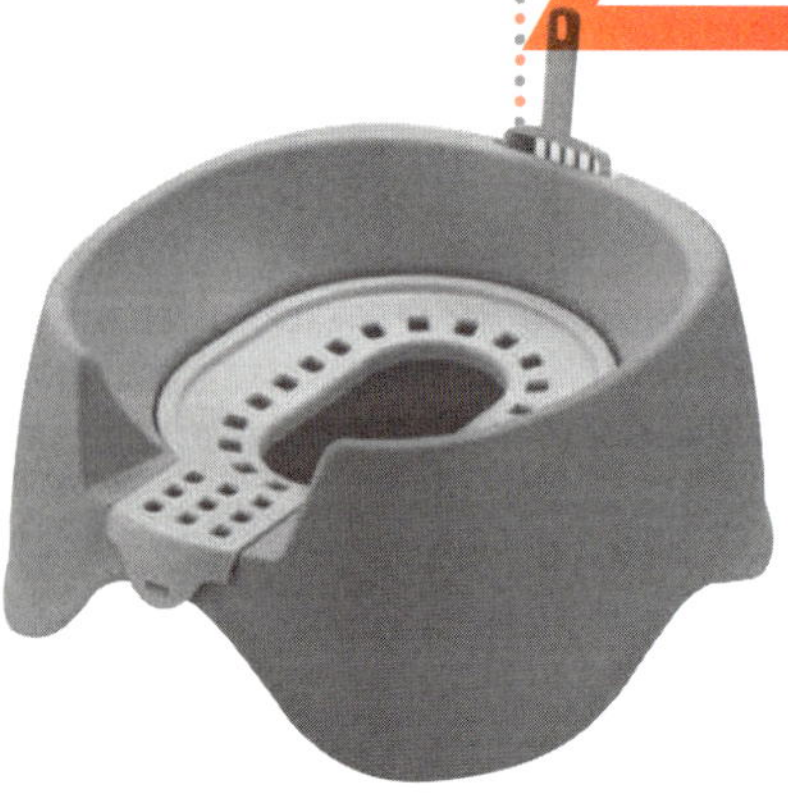

猫壱

ポータブルトイレ

〇

災害避難用、予備トイレとして重宝

足をかけられるなど作りが頑丈で、水洗いも可能。移動時の使用に適しています。他にも、災害非難用として1つ用意してもいいでしょう。

畳めるのが最大の利点ですが、撥水とはいえ災害時は洗浄用の水が自由になる可能性は低いため、ただのプラスチックバットのほうがよい可能性も。

原産国／中国

ライオン

ニオイをとる砂

ガッチリ固まる鉱物製の猫砂

　固まる特性を活かすためには、排泄のたびに固まりを取り除かなければいけません。そうしないと、泥状に溶けて底にこびりついてしまいます。まめに固まりを回収できる飼い主なら、とくに問題はありません。

　ただ、しつこくかき混ぜる猫だと、固まりがばらばらになってしまうことがあります。砂が重い、粉塵で人・猫がむせる可能性があるなどの難点もあります。

△

原産国／日本

愛猫生活へのアドバイス

飼い主が扱いやすい特性の猫砂を選ぼう

猫砂には、おもに次の種類があります。

・鉱物系（ベントライト、ゼオライト）
長所：安価。水を吸って固まる。
短所：トイレに流せない。ほこりが立ちやすい。重い。

・木屑、ひのき、おから、紙
長所：軽くて吸水能力が高い。
短所：高価格。木製タイプは飛び散りが多い。

・シリカゲル
長所：吸水部分をいちいち捨てなくて済む。
短所：飛び散りが多い。

猫砂は、安全性や消臭効果だけでなく、飼い主の使い勝手のよさも考慮して選びましょう。

常陸化工

トイレに流せる木製猫砂

吸水力はあるが固まりにくい

固まるタイプの細かいおがくずの猫砂。尿を吸いつつ膨らむので吸水力は優秀ですが、粒が大きいので固まる能力は低め。交換をさぼると底に貼りつきます。ヒノキの臭いが強く、抑臭効果は高いです。

軽い粒は硬くなく、砕けやすいです。トイレに流せるとありますが、のりが配合されており詰まるおそれがあります。

△

原産国／日本

ジョンソントレーディング

JOYPET シリカサンドクラッシュ

△

交換頻度を上げないと意外とにおう

消臭効果が高いシリカゲル素材の猫砂。角張った小石状で、転がらず、猫の肉球に挟まって運ばれることもありません。

ただ、宣伝文句ほど長くは保ちません。尿を固める能力がないので底に溜まり、そこだけを交換することはできません。下のトレーに尿を落とす2層型のトイレの上砂のような使い方が適しています。

原産国／中国

花王

ニャンとも清潔トイレ 脱臭・抗菌チップ

天然のフィトンチッド使用

２階建て型トイレであるシステムトイレ用。針葉樹のおがくずを固めてペレット状にしたもので、吸水性はありません。天然のフィトンチッドが脱臭と抗菌効果を発揮します。

粒の大きさが３段階あるので、猫の好みや、便の回収のしやすさで選べます。ゼオライトやシリカゲルによる鉱物製、紙製などがありますが、使い勝手は鉱物系が勝るようです。

原産国／ドイツ

アイリスオーヤマ ペット用強力消臭剤

トイレ回りの消臭に効果発揮

植物成分系の消臭剤が数あるなか、この製品は柿タンニンがアンモニア臭の吸着に効くというのが最大のウリ。無臭です。抗菌剤も入っているので、動物本体への使用は不可。「なめても安心」とありますが、あくまでトイレ回りや粗相をしたところで使用を。

とはいえ、そこに尿素があるかぎり、またにおいは発生します。汚れたらまずしっかり拭き取ることが必須です。

原産国／日本

たかくら新産業
キレイウォーター グリーンフォレスト

体に使える安全なスプレー

100%天然成分をうたう超電解イオン水の消臭スプレー。樹木から放出される、殺菌力をもつ揮発性物質・フィトンチッドの香りが多少します。界面活性剤が入っていますが、食品基準での配合でペットへの体に直接使用OKとのこと。姉妹品でペット用と書かれていない汎用品があります。ラベルにAPDCのロゴがあるものを買ってください。

原産国／日本

ライオン

シュシュット！

お部屋の消臭&除菌　無香料

類似品多数、可もなく不可もなく

サトウキビ生まれの消臭成分、グレープフルーツ生まれの除菌成分の１００％植物由来なので、猫がなめても安心なのがウリ。

悪臭を香料によってよい香りに変えるという、〝ペアリング消臭〟の商品。ほんのわずかに柑橘系の香りがしますが、すぐわからなくなります。

本格的な殺菌・殺ウイルスまでは期待できないので、日常の掃除用です。

△

原産国／日本

ユニ・チャームペットケア

猫トイレまくだけ消臭ビーズ

排泄後の集中的な消臭には不向き

トイレにまいて使う消臭剤。スプレーと違い、常時香りが放散されているため、排泄後に集中して消臭作用を発揮できません。

まく量で香りの強さを調節できるとありますが、姉妹品の評価に「香りが強すぎて猫が近寄らない」など、猫との相性について問題視する声もあります。屋根つきトイレだと、このデメリットが強く出るおそれがあります。

△

原産国／日本

PART
4
健康・美容・安全

猫が誤って外に出ないようにするグッズや、健康を守るためのグッズ選びのポイントを押さえましょう。

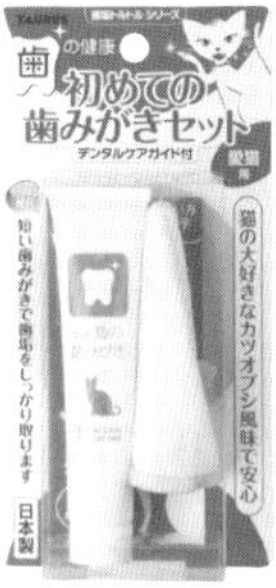

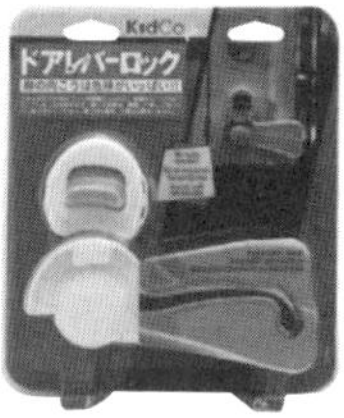

日本育児

ベビーズゲイト

ジャンプして跳び越えない猫向け

ペット用に使っている人も多い乳幼児用のゲート。ジャンプしてまで跳び越えようとしない猫なら、これでもだいじょうぶでしょう。ただし、通路の最大開口幅が狭くなるので、設置場所や家の構造によっては不便です。

また、外出時の後追いは防ぎやすいですが、飼い主が留守のときに乗り越えて、帰宅して玄関を開けた瞬間、入れ違いで脱走する危険性はあります。

原産国／中国

OPPO

ノブロック

確実性に欠けるドアノブロック

ドアノブに引っ掛けて猫がノブをあけられなくする道具です。

ドアノブの形状と合わないと猫パンチですぐにずれます。執拗な攻撃を受けるとだんだん滑って外れてしまい、それを猫が学習するので確実性に欠けます。そのため、古典的な丸ノブに付け替えるほうが確実ですが、その場合は、周囲に両面テープかネジ穴が残るデメリットもあります。

△

原産国／日本

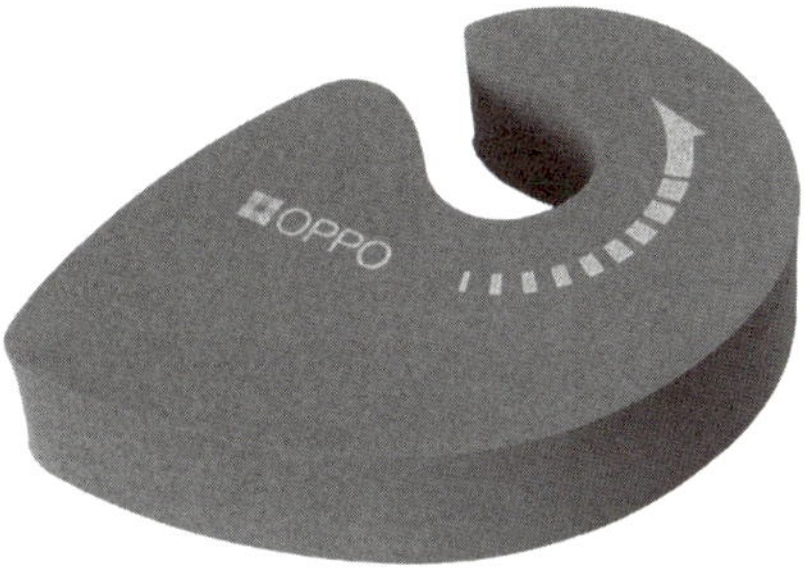

獣医さんに聞いてみよう!

室内飼育のポイント

現代の猫には、完全室内飼育が必須。ただ、室内飼育でも危険はつきもの。快適で安全に暮らせるための住環境整備や習慣づけが大事です。

外に出さずに家の中で飼う〝完全室内飼育〟は、現代の猫の飼育には欠かせない条件です。ストレスのない住環境を整備すれば、飼い猫は外に出ようとしなくなります。

たとえば、猫は待ち伏せ型の狩りをする動物なので、木の上のような見晴らしがよく身を隠せる場所を好みます。そのため、天井近くに猫が好むキャットウォークを作るなどが有効です。転落しないように、動線には障害物を置かないようにしましょう。猫は探検好きなので、家具の配置で死角を作るのもおすすめです。

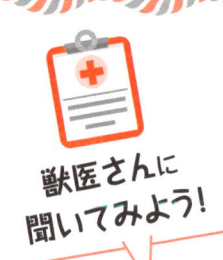

室内で安全に過ごすには?

室内で飼っているからといって安心はできません。好奇心が強い猫は、家の中であらゆるいたずらをするので危険です。

過去には、バスタブでの溺死、キッチンで煮えた鍋に飛び込んでやけど、おもちゃなどの異物誤食で開腹手術、100ボルトコードを噛んで感電死といった例もあります。こうした生死に関わる事故は避けたいものです。

いたずらによるけが以外にも、これまでに猫の尿や嘔吐物でファクスやテレビの焼損事故が多く発生しています。

これらを防ぐ対策としては、次のことが挙げられます。

浴室とトイレのドア、浴槽のふたをかならず閉めること。洗濯機を使用しているときには、近づけないようにしましょう。

キッチンでは、とくに火を扱っているときには目を離さないで。漂白剤のつけ置き洗いの放置にも注意しましょう。また、ファンヒーターやホットカーペット、乾燥機などの熱を発する電化製品にも注意してください。

誤食誤飲を防ぐために、薬や洗浄剤などの薬品類の管理は厳重に。猫から目を離すときには、飲み込める大きさのものやひも状のものは片づけましょう。

愛猫生活へのアドバイス

しつけられない猫の行動を制限する方法

猫は単独で行動する動物なので、しつけをするのが難しいといわれます。飼い主が、いけないことをした猫をしかると、その行動をやめます。しかし、それは反省したからではなく、しかる声に驚いただけで、たいていはしばらくすると同じことをします。

　このように、猫をしつけるのは難しいため、してほしくないことを〝させない・できない〟家にすることが大切です。

　学習効果を出すためには人力ではなく、仕掛けによる「24時間監視の天罰方式」が有効です。

　たとえばテーブルのへりに弱粘性の両面テープを貼るという方法があります。テーブルに乗ったとき、足の裏に貼りつく不快感で、猫がテーブルに乗るのを止めさせられるというわけです。ただしパニックになって転げ落ちる可能性もあるので注意してください。

ヤマヒサ

ペティオ　プレシャンテ　ハードスリッカーブラシ　S

ピンの先の玉が猫の皮膚を傷つけない

ピン先に丸い玉がついているので、玉のない製品に比べ毛玉の根元への食い込みに抵抗がある分、猫の皮膚には安全。ただ、毛の除去能力は劣ります。

長毛種の猫には玉のない製品を使い、針金の先で地肌を引っかかないよう慎重にブラッシングしてください。

原産国／中国

ドギーマン

抜け毛すっきり おそうじネット

毛の処理がラクチン

ブラシから毛をきれいに剥がしたい人に向いているといえます。ブラシに毛が残っても、猫の健康とは関係ないので、残った毛が取りやすい製品を好むなら、使ってみていいかも。

毛をブラシから剥がせなくても気にしないなら、コームを針金の根元に差し込み、スライドさせて毛を取るか、手でむしって処理すれば十分です。

原産国／中国

愛猫生活へのアドバイス

毎日のブラッシングは気持ちいいと感じさせる

ブラッシングは、胸骨や足の根元、背骨、腰骨を避けて、短毛種は1日1回、長毛種は朝晩2回するのが理想です。ノミやダニの対策もあるので、月に1回程度はシャンプーも必要です。

毛が長い猫の場合、毛がブラシに引っ張られ、痛がることがあります。ブラッシングは、力を入れすぎないようにしましょう。

ブラッシングは、血行促進、ノミやダニの除去、健康チェック、猫とのコミュニケーションにもなるというメリットがあります。

猫がブラッシングをきらうと、日頃の世話や健康チェックにも支障が出ます。猫をよくなでてリラックスさせると、スムーズにブラッシングできるようになります。

ドギーマン

ナチュラルスタイル 木製小判型　整毛ブラシ

小回りが効いて飼い主が使いやすい

ほこりや抜け毛を取る片面型のブラシです。小さめで小回りが効き、飼い主が扱いやすい製品です。手で覆って持つので、猫にブラッシングに対する恐怖心を与えません。

この製品は樹脂製のピンの先が丸くなっており、使用時に猫の皮膚を傷つけません。豚毛のほうがややわらかい毛質なので、猫の毛質などに応じて使い分けてもいいでしょう。

原産国／中国

シンカ

シリコンブラシ　トレルンダ君

猫　短毛

面白いように毛がとれる

この製品は面白いように毛が取れます。長毛短毛と分かれていますが、ピンの形がちょっと違うだけでどちらを選んでもよいです。ただし、長毛で深い位置の毛を取る場合は、スリッカーブラシでないと届きません。

調べた結果、シリコン製でないとまともに毛が取れないことがわかりました。ビニル樹脂、エラストマー樹脂製はよくないでしょう。

原産国／日本

スーパーキャット

ペットラボ 抗菌ダブルクッションブラシ

体を大きく開く猫以外には使いにくい

猫の抜け毛除去用ではなく、普段からフケや汚れをはらい、毛がからまないように毛並みを整えて手入れする用途です。

猫の内股やわきなどをブラッシングする際は、小回りがきかず使いづらいので、飼い主に体を大きく開いてくれる猫でないと、使用が難しいかもしれません。全身をくまなくブラッシングするのには、向かないでしょう。

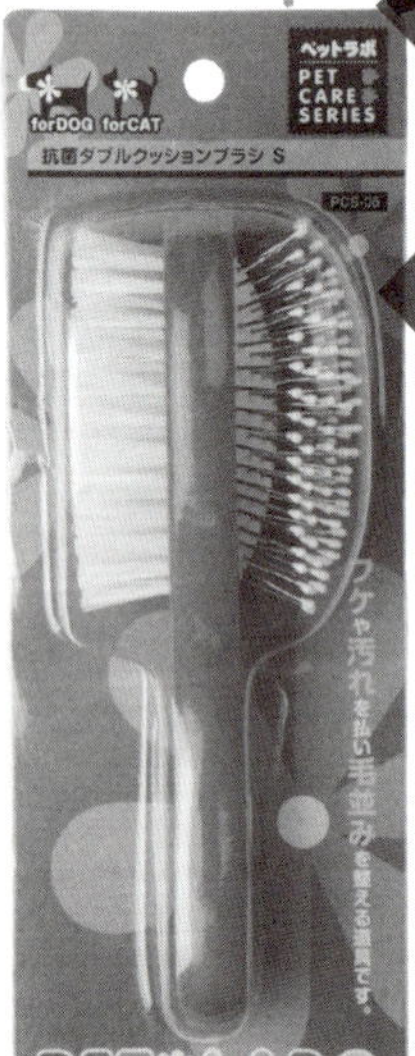

原産国／中国

ナモト貿易株式会社

ラクサスタット

毛の塊をほぐして腸へ流出させる薬

ぬるぬるしたグリス状のサプリメントで、動物病院で使用する「ラキサトーン」の同等品と思われます。胃の中の毛玉の滑りをよくし、毛の塊をほぐれやすくして腸への流出を促します。味は猫好みですが、口に何かを入れられるのをきらう猫には慣らしましょう。

食事と同時に投与すると栄養吸収を妨げるなど扱いに注意が必要なため、本来は獣医の指導のもとでの処方、使用が望ましいです。

原産国／カナダ

現代製薬

スッキリン

ペースト状で猫に与えやすい

成分、性能は「ラキサトーン」によく似ています。猫のおなかにたまった毛玉が便とともに自然に排出されるため、毛玉を吐かずに済みます。体内の毛玉形成も予防します。

毛玉予防には週1、2回程度、毛玉の除去には毎日与えます。給餌と給餌の間に、飼い主の指、または猫がよくなめる前足や鼻などにつけて与えましょう。ペースト状なので、猫にとってなめやすくなっています。

原産国／日本

エイムクリエイツ

グリーンラボ　猫草スナック まぐろ味

毛玉除去が期待できないおやつ

新鮮な猫草の大麦若葉（食物繊維）と3種類の成分を配合と書かれていますが、草は粉末で練り込んであります。猫草としての毛球除去機能はほとんどないでしょう。

やわらかくて小さいサイズにカットされているので、えさに混ぜることができます。まぐろのほかにもさまざまな味タイプがあるので、ふつうのおやつとして考えましょう。

原産国／日本

エイムクリエイツ

グリーンラボ 犬と猫が好きな草の栽培セット

常用するなら種を買ったほうが経済的

猫草によく使われるエン麦や大麦は、明記されていない商品もあり、どちらを好むかは猫次第です。毎日のブラッシングと正しい食生活なら、胃に毛玉はできません。猫草に興味がない猫もいるので、常用するなら種を買い、自分でプランターにまけば経済的です。

原産国／日本

△

アース・バイオケミカル

猫スタミノール

毛玉ケア

投薬時のベース剤としては使えるかも

毛玉ケア栄養補助食品にプラスして、いくらかの毛玉除去機能があるとされ、「食物繊維で毛玉除去」とパッケージにありますが、健康な猫にあえて与えなくてもよいでしょう。

ただ、内服薬を与える際のベース剤として使える可能性はあります。元気なときにこの手のペースト剤を飼い猫が好んでなめるかどうか試しておくと、いざというとき利用できます。

△

原産国／日本

ジョンソントレーディング

JOYPET ハミガキシート

表面の歯垢は取れるが奥歯ケアは困難

口の中をおとなしく触らせてくれる猫は少ないので、動物病院でもスプレーや口内環境改善薬の滴下がすすめられています。

奥歯の側面のくぼみなどは、布状のもので表面の歯垢を拭き取っても、歯石や炎症がはじまりやすい部分です。ブラシの毛先でないとうまく汚れを落とせません。安全性も不明で、中国製というのもマイナス要因です。

△

原産国／中国

トーラス

初めての歯みがきセット

愛猫用

△

使用前にかかりつけ医に相談を

ペーストと歯みがき用指サックのセットです。この製品は使い捨てではなく、洗って再利用できます。ブラシより難易度が比較的低く、ペーストの単品もあります。

ブラシや布でこするタイプは、力加減によって、すでに存在する歯肉炎を痛めてしまうことがあります。飼い猫にこれらの方法が望ましいかどうか、かかりつけ医に相談してみましょう。

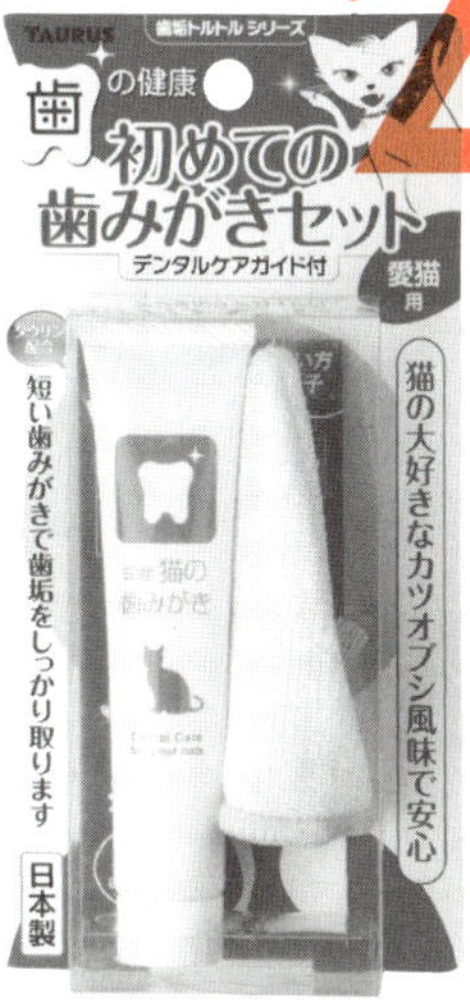

原産国／日本

アース・ペット株式会社

エブリデント 歯みがきペースト

ミルクミント風味

猫の好みに合えば◯

歯磨きはどれだけ的確にブラシを当てられるかが重要で、使うペーストの性能差は正直体感できません。チキンやツナ味の歯磨きペーストが多い中、これはミルク味で、猫の好みに合えばかなり抵抗が弱くなり磨きやすくなります。いくつか味を試して、一番相性のいいものを使うといいでしょう。

原産国／日本

共立製薬

デンタルももちゃん△

使い勝手はいいが歯みがき効果は「？」

奥歯に数滴垂らす液体歯みがき。無味・無臭で刺激もなく、口腔ケアを嫌がったり、炎症や傷がある場合にも使えるとあります。

「タウリン＝ネコ栄養素」「グルコン酸亜鉛＝消臭と抗菌効果」などと記載されていますが、汚れを物理的に落とさない方法なので、あまり効果が望めません。ほかの市販歯みがき製品も成分は似ていますが、気休めレベルで「しないよりはまし」程度かと思われます。

原産国／アメリカ

ライオン

ペットキッス ツインヘッド歯ブラシ

猫の口に合う合理的な形の歯ブラシ

小型犬と兼用ですが、ネコが受け入れてくれるなら相当に効果のありそうな合理的な形です。スポンジはかなりしっかりしている印象。スペアスポンジもあるので、うまく使えればかなり有効なアイテムです。

ブラシの丈が、本商品よりももう3㎜ほど短ければ、おちょぼ口のネコの奥歯にも当てやすいでしょう。

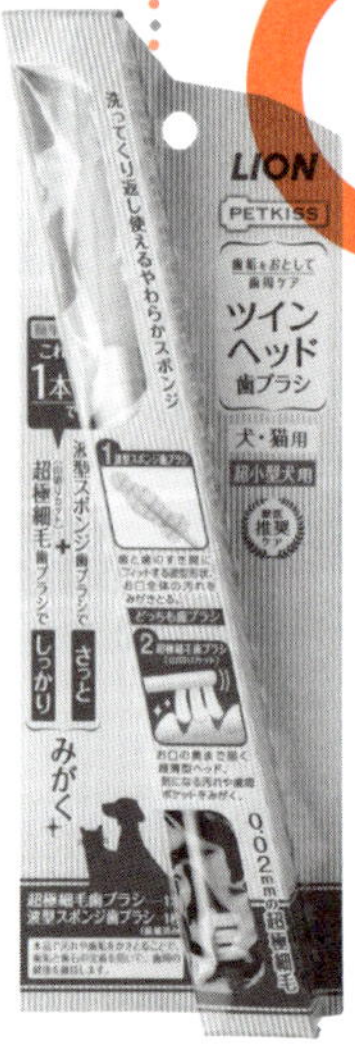

原産国／日本

PART
5
医療・サービス

動物病院やペットホテル、ペット保険を選ぶときのポイントを紹介します。何かあったときのために、普段から備えておきましょう。

院内が清潔で明るい ○

清潔感のない病院は猫にストレス

昔からある動物病院の建物が古いのは仕方がないかもしれませんが、病院内が明るい雰囲気かどうかは重要なチェックポイントです。

たとえば、使用済みの医療器具がほったらかし、診察台が消毒されていないといった一つひとつのことが、雑な診察の兆候を示している可能性大。においが気になる病院もおすすめできません。猫は悪臭を嫌がるので、ストレスをかけてしまいます。

かかりつけ医をもつ○

トータルな診察、指導が受けられる

猫もかかりつけ医を決めましょう。体全体を診てくれますし、飼い方の指導やアドバイスなども受けられて安心です。かかりつけ医をもてば、重篤な病気になった場合でもふさわしい病院を紹介してもらえます。

猫に今何が起きているのか、どんな治療があるのか、入院させて何ができるのかなどを、医学知識のない飼い主にもわかりやすく説明してくれる、獣医がいる病院が理想的です。

家の近くであればあるほどいい

距離だけで選ばず、相性も考える

猫は病院がきらいですが、近所の病院なら、飼い主の負担も、猫の移動のストレスも少なくて済みます。動物病院がない・少ない地域もありますが、近さだけで病院を選ぶのは考えものです。近くても、自分や愛猫との相性が合わない病院ならやめましょう。キャリーバックに慣らしておくなど工夫して、少し遠くても猫にとって最適な病院を選びましょう。

室内飼いにワクチン接種は必要ない ✕

空気感染は、室内飼いでも防げない

子猫や老齢猫は、伝染病にとくに感染しやすいので注意が必要です。完全室内飼いでもワクチン接種は行ないましょう。

予防接種は、3~7種の混合のワクチンがあります。子猫は生後2~3カ月で最初の接種、1カ月後に追加接種し、その後は1~3年ごとの追加接種が推奨されています。定期健診も年1回は受けましょう。

獣医さんに聞いてみよう！

シニア猫に典型的な病気と対策

老化とともに、猫の腎臓機能は低下します。健康チェックで病気の兆候を見極めましょう。

猫の寿命は人間と比べて短く、10年だと人間の56歳、15年では76歳程度だといわれています。老化にともない病気のリスクも高くなるので、7歳を過ぎたら、定期検診は年1～2回に増やしましょう。

猫がもっともかかりやすいのは、腎臓に関する病気です。腎機能が落ちてくると、腎臓腫瘍や腎結石、腎アミロイドーシスといった、さまざまな腎臓の病気にかかりやすくなります。

ただ、血液検査の数値が正常でも腎臓が悪くないとはいいきれません。そのため、普段から飼い猫の様子を確認するようにしましょう。

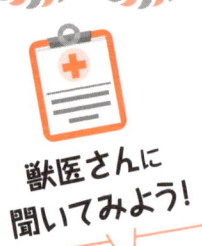

多飲多尿に注意

腎臓の病気の兆《きざ》しは、おしっこが近くなって水をたくさん飲みたがる「多飲多尿」という症状として表われます。

目安としては24時間以内に、体重1kgにつき

50cc以上の水を飲んだり、フードを変えていないのに今までの2倍以上の水を飲みたがったりするときが要注意です。何らかの異常が疑われるので、尿検査をしてみてください。

よく飲むなぁ…
心配だにゃ〜
ぴちゃぴちゃ

高齢で活発なのは病気のサインかも

シニア猫に多い病気には、甲状腺ホルモンが大量に放出される「甲状腺機能亢進《こうしん》症」もあります。高齢なのに活動的、やせている、食欲が旺盛、よく鳴く、攻撃的、落ち着きがないといったときは、この病気である可能性があります。動物病院で甲状腺のホルモン検査を受けさせましょう。ただし、検査ができる動物病院が少ないので、結果が出るまで少し時間がかかります。

また、関節の軟骨組織がすり減って変形すると、「変形性関節症」という病気にかかりやすくなります。この病気は関節が変形して痛くなるので、そのまま放置すると歩けなくなることもあります。

足を引きずる、遊びたがらない、歩行やトイレの困難、関節をなめたり噛んだりする、毛づくろいやつめとぎがうまくできない、などの兆候があれば、動物病院に連れていきましょう。

大手の保険会社なら安心？

△

商品や保険会社をよく検討する

ペット保険は、保険会社や商品によって保険内容が大きく異なります。月々の負担額が1500円程度の比較的安価な少額短期保険会社は、保障内容が短期、掛け捨てとなります。

大手の会社だから使い勝手がよく安心とはいいきれず、飼い主の考えが問われます。納得のいくまで比較・検討や質問をしてみるなど、自分の考えに合う商品を探しましょう。

10歳以上の高齢になってから保険加入を検討する

年齢や病気で加入できない場合も

ペット保険の商品によっては、病気によって加入できないケースや、8歳以上は健康であっても加入できないなどの年齢制限や、健康診断書の提出が必要なことがあります。

ペット保険の更新は1年ごとが多いので、ようすを見て見直しも検討しましょう。

10 years old…
保険は
年取ってからで
いっか…

保険金の請求手続きにも違いがある

請求手続きが不要な窓口精算方法も

ペット保険は、治療が終わり全額支払い後に請求手続きをします。複数回、長期・高額の場合は治療途中でも請求可能なことも。「アニコム損害保険」「アイペット損害保険」といった保険会社は、提携する動物病院なら「保険証」を窓口で提示すれば保険金の給付を受けられます。窓口精算のみで手続きを終えることも可能なので、便利です。

愛猫生活へのアドバイス

スキンシップをしながら飼い猫をよく観察しよう

飼い猫とスキンシップをするときに健康チェックも行なうと、ささいな病気のサインに気づけます。猫は泌尿器系の病気にかかりやすいので、トイレ掃除のときに便や尿の色などをチェックすることがとくに重要です。

また、貧血のときは耳や歯茎、肉球の色が白っぽい、発熱は耳が赤い、などの症状が現われます。

ほかにも、以下のことが病気のサインかもしれません。飼い猫をチェックしてみましょう。

- □目やにが出る
- □目の腫れがある
- □口や目の周りが汚れる
- □鼻水が出たり、鼻がつまる
- □耳の中に傷がある
- □耳が汚れている、におう
- □よだれが多くなる
- □頭をよく振る
- □歯茎から出血している
- □口がにおう
- □おなかが急に膨らんでくる
- □食欲がない
- □体臭が強くなる
- □排便や排尿がない
- □抜け毛が多い

ホテル内が清潔で不快なにおいがしない○

飼い主の目で清潔かどうかをチェック

清潔であるのは、快適に過ごすだけでなく感染症リスクを避けるためにも絶対条件です。

清潔でない場所や悪臭は、猫にはストレスのもと。外観やロビーのスペースを事前に見るだけでなく、預けられている猫のようす、エサや水の放置がないか、トイレが掃除されているか、遊具やケージなどが壊れたりさびていたりしないかなども観察しましょう。

ワクチン接種や駆虫が義務づけられている○

健康管理ができている証拠

ワクチン接種、ノミやダニの駆虫を義務づけているペットホテルは多いはずです。混合ワクチンは3種以上、または5種以上などとホテルによって条件が異なります。

飼い主からすると預ける条件が厳しい気もしますが、逆にいえば健康管理された猫しかおらず、感染症対策がしっかりした施設の証拠。愛猫を安心して預けられるといえます。

預かる際に質問をまったくしてこない ×

自発的な問いかけがなければNG

飼い猫の性質や暮らし方について、情報漏れがないようにスタッフに伝えましょう。「口頭で話したし、紙にまとめて渡したので必要なことは伝わった」と考えるのは早計です。

猫の個性を尊重してケアするスタッフなら、かならず何らかの質問をして確認するはずなので、「わかりました」「やっておきます」といった言葉しか返ってこないなら、要注意です。

動物取扱業の登録証が掲示されていない

登録証の掲示は当然の義務

動物病院やペットホテル、ペットショップなど、動物を預かるすべての業者に必要とされるのが、動物取扱業の資格です。

この資格がないホテルは論外です。登録証の掲示と、事業所ごとに常勤職員のなかから1名以上、専属の動物取扱責任者を配置することが義務づけられています。事前に見学し、登録証の掲示をかならず確認しましょう。

編集・構成	造事務所
文	東野由美子／和田典子
本文デザイン	吉永昌生
本文写真	木藤富士夫／齋藤大輔
本文イラスト	岡澤香寿美

※本書は、2016年4月に刊行された『猫にいいもの わるいもの』の改訂新版です。

新装版

猫にいいもの わるいもの

2019年10月1日　第1刷発行

監修	臼杵 新
編著	造事務所
発行者	塩見正孝
発行所	株式会社三才ブックス 東京都千代田区神田須田町2-6-5 OS'85ビル 〒101-0041 電話03-3255-7995 http://www.sansaibooks.co.jp
印刷・製本	株式会社光邦
表紙・カバーデザイン	細工場
表紙・カバーイラスト	かわにしひできき